ABHANDLUNGEN DER DEUTSCHEN AKADEMIE DER WISSENSCHAFTEN ZU BERLIN

Klasse für Philosophie, Geschichte, Staats-, Rechts- und Wirtschaftswissenschaften

Jahrgang 1955 Nr. 4

ASMUS PETERSEN

PROGRAMMATISCHE AUSFÜHRUNGEN ÜBER EINE ERWEITERTE ANWENDUNG DES KLEEGRASSYSTEMS UND DES SIDERALEN SYSTEMS

1955

AKADEMIE-VERLAG · BERLIN

Vorgetragen in der Gesamtsitzung vom 23. Juni 1955
Zum Druck genehmigt am gleichen Tage, ausgegeben am 10. Dezember 1955

Erschienen im Akademie-Verlag GmbH., Berlin W 8, Mohrenstraße 39
Veröffentlicht unter der Lizenz Nr. 1218
des Amtes für Literatur und Verlagswesen der Deutschen Demokratischen Republik
Satz und Druck: (III/18/203) VEB Leipziger Druckhaus, Leipzig
Bestell- und Verlagsnummer: 2001/55/V/1
Preis: DM 2,50
Printed in Germany

Programmatische Ausführungen
über eine erweiterte Anwendung des Kleegrassystems
und des Sideralen Systems

(Beantwortung einer landwirtschaftlichen Preisfrage
unserer Akademie aus dem Jahre 1791
und gleichzeitig einer der Grundfragen der modernen und
jeder zukünftigen Landwirtschaft)

von

Asmus Petersen

Diese programmatischen Ausführungen
über eine erweiterte Anwendung des Kleegrassystems und des
Sideralen Systems widme ich allen in Ost und West,
die um das zentrale Problem der Hebung der Futtererträge
und der Hebung der Bodenfruchtbarkeit ringen

Im Jahre 1791 stellte unsere Akademie die landwirtschaftliche Preisfrage: „si la culture par enclos est utile ou non dans les états de Brandenbourg". Bei der Akademie liefen im Jahre 1792 viele Antworten ein; zwei davon wurden preisgekrönt: die von F. W. DREYER, Berlin, und K. A. HUBERT, Zossen; einige weitere erhielten das Akzessit[1]). Die Preisschriften, die den Beifall der Akademie gefunden hatten, wurden 1793 gemeinsam veröffentlicht unter dem Titel: „Zwei Preisschriften über die von der Königlichen Akademie der Wissenschaften zu Berlin aufgegebene Frage: von der Anwendbarkeit, dem Nutzen oder der Schädlichkeit der Koppelwirtschaft in der Mark Brandenburg, nebst einigen Schriften, welche das Akzessit erhalten haben und Bemerkungen des Etatsministers Grafen von Hertzberg über eben diesen Gegenstand, mit Beantwortung der Anmerkungen, welche H. G. R. VON WOLFF dagegen hatte drucken lassen". Leider war es bisher nicht möglich, diese gedruckten Preisschriften einzusehen; sie ließen sich trotz eifrigen Suchens, auch unseres Archivars F. Lange, weder im Archiv der Akademie noch in der ehemaligen Staatsbibliothek, wo sie einmal vorhanden waren, noch in der Auslagerungsstelle Marburg, noch sonstwo auffinden. Aber schon aus dem Titel der Druckschriften geht wohl deutlich genug hervor, was A. VON LENGERKE[2]), durch den wir überhaupt erst auf die Preisfrage aufmerksam wurden, in seinem Landwirtschaftlichen Konversationslexikon berichtet: es scheint ein lauter öffentlicher Streit um das Kleegrassystem ausgebrochen zu sein. Schon bei der Drucklegung der anerkannten Preisschriften muß man sich im Titel ausdrücklich gegen „Anmerkungen" verwahren, die der H. G. R. VON WOLFF „dagegen" hatte drucken lassen; und dabei gehörte dessen Arbeit mit zu den Schriften, die das Akzessit der Akademie erhalten hatten.

Dieser Streit um die Koppelwirtschaft bzw. um die Feldgraswirtschaft oder, noch allgemeiner gesprochen, um den mehrjährigen Kleegrasbau ist heute erneut aufgelebt, seitdem das Trawopolnajasystem der SU[3]), in dem der mehrjährige Kleegrasbau ein integrierender Bestandteil und das Hauptmittel zur Erhaltung und Hebung der Bodenfruchtbarkeit ist, bei uns bekannt wurde. Unter Anwendung der Erkenntnisse des Bodenkundlers W. R. WILJAMS hat ein Gremium von Agrarökonomen den mehrjährigen Kleegrasbau 1938 für die SU als obligatorisch erklärt. Man unterscheidet dort zwei Fruchtfolgen: eine Ackerfruchtfolge und eine Futterfruchtfolge. Die Ackerfruchtfolge hat in 8—10 Anbaujahren einen zweijährigen Kleegrasschlag, die Futterfruchtfolge, die da rotiert, wo bei uns das Dauergrünland liegt, also in den graswüchsigen Grundwasserlagen, hat ebenso viele Kleegrasjahre wie Ackerjahre, also bei einer 8feldrigen Fruchtfolge einen vierjährigen Kleegrasschlag. Selbstverständlich wird das Kleegrassystem nicht schematisch angewendet, sondern nach der

---

[1]) Mémoires 1792 et 1793, Berlin 1798, Histoire S. 5.

[2]) A. VON LENGERKE, Landwirtschaftliches Konversationslexikon, Prag 1837, II. Band, S. 249 (Geschichte der deutschen Landwirtschaft). „Der bereits erwähnte unglückliche Erfolg eines fehlerhaften Kleebausystems und die in wiesenarmen Gegenden erschöpfte Dreifelderwirtschaft veranlaßten im Jahre 1792 die Preußische Akademie der Wissenschaften zur Aufstellung einer Preisfrage über die Nützlichkeit der Koppelwirtschaft, deren Zweckmäßigkeit für Norddeutschland sich in Mecklenburg so auffallend erprobt hatte, und dort fortwährend, bei vernünftiger Anwendung, die glücklichsten Resultate zeigte. Infolge dieser Aufgabe entstanden eine Menge Schriften für und wider obiges System, welche wieder viele Streitschriften veranlaßten und so zu den lehrreichsten Controversen führten . . . Das bald allgemeiner werdende Nachdenken über dieselbe (die Koppelwirtschaft) und ihre sich mehr und mehr verbreitende Anwendung wurde zur Triebfeder lebhaft geförderter Gemeinheitsteilungen, Aufhebungen der Servitute und Zusammenlegungen der Äcker".

[3]) E. RÜBENSAM, Das Trawopolnajasystem von Wiljams. Berlin 1951.

jeweiligen Örtlichkeit abgewandelt. So bevorzugt man z. B. in den klimatisch feuchteren Gegenden unter den Kleearten den Rotklee und unter den Gräsern den Timothee und in den klimatisch trockeneren Gegenden unter den Kleearten die Luzerne und unter den Gräsern die Kammquecke. In der Ackerfruchtfolge herrschen die Kleearten im Kleegrase vor und in der Futterfruchtfolge die Gräser.

Daß das mehrjährige Kleegras der größte Fruchtbarkeitsbringer ist, dürfte heute wohl kaum noch bezweifelt werden. Es hinterläßt im Boden organische Massen aus Wurzeln, die bei zweijährigem Anbau 100 dz/ha betragen, die Gräser zerteilen den Boden mit ihren vielen feinen Wurzeln in Krümel, die Kleearten dringen mit ihren tieferen und kräftigeren und energischeren Wurzeln in den Untergrund, sie erschließen ihn und bringen Kalk, Phosphorsäure und Stickstoff und Spurenelemente in die oberen Bodenschichten, so daß die von den Graswurzeln gebildeten Krümel mehr und mehr stabilisiert werden. Auch führt das Kleegrasgemenge zu einer Regeneration und Vertiefung der humosen Ackerkrume und zu einer Durchwurzelung und Durchporung des Unterbodens.

Es ist das große Verdienst W. R. Wiljams', die besondere Rolle der Graswurzeln beim Bodenaufbau wissenschaftlich endgültig sichergestellt zu haben. Vor Wiljams wurde die Grasbeigabe zu Klee von der Wissenschaft mehr als ein Notbehelf angesehen, wenn auch die Praktiker schon lange den Wert der Graswurzeln für den Bodenaufbau aus der Erfahrung heraus erkannt hatten. Ich nenne von den Praktikern nur den ersten großen deutschen Sandbodenpionier C. von Wulffen[1]), der den Schafschwingel 1810 zu einer landwirtschaftlichen Kulturpflanze erhob, ihn auf fast einem Drittel der landwirtschaftlichen Nutzfläche seines Sandbodengutes Pietzpuhl, auf 1000 Morgen etwa, anbaute und wohl wußte, daß der mehrjährige Schafschwingel durch seine großen Wurzelrückstände die Ertragfähigkeit der mit ihm in Wechselnutzung verbundenen übrigen Sandflächen des Betriebes um Klassen hebt. Vergessen darf man aber noch weniger die Praktiker meiner Heimat Schleswig-Holstein, die schon vor 250 Jahren wußten, daß das Gras die Bodenfruchtbarkeit hebt und diese Erfahrungen gegen die Wissenschaft seitdem immer wieder verteidigten. Aber die Wissenschaft hielt nach wie vor daran fest, daß dem Klee nur dort Gras beigemischt werden dürfe, wo der Boden nicht voll kleefähig ist. Überall sonst setze das Gras die Erträge namentlich an Eiweiß herab und beeinträchtige zudem die Vorfruchtwirkung reinen Klees. Wie sehr die Wissenschaft sich verrannt hatte, geht am deutlichsten daraus hervor, daß der führende deutsche Ackerbauer Th. Roemer, der die wegweisende These geprägt hat, daß der „Ackerbau" immer mehr zum „Ackeraufbau" werden muß, in seinem landwirtschaftlichen Testament[2]) den Lehrsatz aufstellte, daß die Monokotylen nichts zur Bodenfruchtbarkeit beitragen. Heute ist man wohl überall mit Wiljams der Meinung, daß der Kleebau ohne Gras nur in Sonderfällen am Platze ist.

Am anerkanntesten ist der mehrjährige Kleegrasbau abgesehen von der SU, wohl in England. Nach W. Davies[3]) ist in England der Übergang von den „permanent pastures", den Dauerweiden, zu den „leys", den mehrjährigen Kleegrasschlägen das Gebot der Stunde. Das mehrjährige Kleegras liefert dort nach Davies nicht nur viel höhere Futtererträge als gut gepflegte und gedüngte Dauerweiden, sondern es erhöht auch über die Wurzelrückstände die Erträge der übrigen Ackerfrüchte. 5000000 acres leys sind heute vorhanden und 10000000 acres Dauergrünland. Angestrebt wird das umgekehrte Verhältnis; nur 5000000 acres Dauergrünland, die nicht ackerfähig sind, spricht man die Existenzberechtigung nicht ab. Besonders weit ist man in England mit der Herauszüchtung von Sorten der Gräser und Kleearten, die eine besondere Eignung für die verschiedenartigen leys auf-

---

1) C. von Wulffen, Über Begrünung der Sandflächen. Preußische Annalen der Landwirtschaft, Berlin 1843, S. 291—305.

2) Th. Roemer, Probleme und Fernziele der deutschen Feldwirtschaft. Zeitschrift für Acker- und Pflanzenbau, Bd. 91, 1949.

3) W. Davies, The Grass Crop, Its Development, Use And Maintenance. London 1954, 2. Auflage.

weisen. Gras und Klee sind in England die wichtigsten Kulturpflanzen des Ackers, und von den „ley"-Gräsern und „ley"-Kleearten hat man dort ebenso viele und ebenso verschiedenartige Sorten herausgezüchtet wie bei uns beispielsweise vom Weizen.

Praktisch ebenso anerkannt ist das mehrjährige Kleegrassystem in Dänemark. Es herrscht dort vor. Von 9 Schlägen werden mindestens 2, meistens aber 3 mit Kleegras bebaut. Die Dänen verstehen nicht, daß wir in Deutschland soviel von einem Humusproblem reden. Sie sprechen geradezu von einem deutschen Humus-Mythus[1]).

Auch in einigen Gegenden Schleswig-Holsteins herrscht der mehrjährige Kleegrasbau vor.

Schließlich hat man auch in den USA erkannt, daß der mehrjährige Kleegrasbau das Hauptmittel gegen die Bodenverwüstung ist, die dort riesige Ausmaße angenommen hat.

Gewiß bestehen noch einige Unklarheiten. Nicht die Wurzel jedes mehrjährigen Kleegrases wirkt gleich günstig auf die Bodenstruktur. So fand T. Pavlychenko in Kanada ebenso wie E. I. Vorobieva in der SU, daß Agropyron cristatum ein ausgezeichneter Strukturbildner ist, während Agropyron pauciflorum als Strukturbildner nur von geringem Wert ist. Der Grund wird nicht nur in der größeren Wurzellieferung von Agropyron cristatum vermutet, sondern vor allem auch in der größeren Länge der Wurzeln über 0,1 mm Durchmesser und in der größeren „strength of the roots, measured by the tensile force required to break them"[2]). Aber daß der mehrjährige Kleegrasbau das beste Mittel ist, die Bodenfruchtbarkeit zu wahren und zu mehren, gilt heute wohl allgemein als feststehend.

Es ist deshalb verständlich, daß der mehrjährige Kleegrasbau auch bei uns verstärkt eingeführt werden soll. Wie weit diese Bestrebungen berechtigt sind, wie man das mehrjährige Kleegrassystem etwa abwandeln muß, um es unseren Verhältnissen anzupassen, und was gegebenenfalls statt dessen getan werden muß, das soll in den folgenden programmatischen Ausführungen abgehandelt werden. Ich stütze mich dabei außer auf dreißigjährige eigene Erfahrungen auf die Ergebnisse einer fünfjährigen intensiven Spezialforschung des von mir geleiteten Wiljams-Kollektivs sowie der Mitarbeiter in Müncheberg und schließlich vieler sonstiger Spezialforscher in Ost und West unseres Vaterlandes. Die einzelnen Arbeiten sollen nicht vorweg zitiert werden, sondern erst dort, wo sie von entscheidender Wichtigkeit sind.

Die Theorie, die der verstärkten Einführung des mehrjährigen Kleegrasbaus zugrunde liegt, erscheint sehr plausibel. Wir müssen in fast allen landwirtschaftlichen Betrieben — auf Ausnahmen wird später eingegangen — auf mindestens 20% der landwirtschaftlichen Nutzfläche Rauhfutter anbauen. Gewinnen wir dieses Rauhfutter auf Dauerwiesen und Dauerweiden, so kommen die Wurzelrückstände der Futterpflanzen, die mengenmäßig mehr ausmachen als die gesamte Stallmistdüngung, dem Acker überhaupt nicht zugute. Den Dauerweiden verbleiben sogar die Exkremente der Weidetiere, ja sie zehren darüber hinaus oft noch von Wiese und Acker, da ihnen neben der mineralischen Düngung meist noch Stallmist und Jauche verabreicht wird. Wird aber das notwendige Rauhfutter in Form von mehrjährigem Kleegras auf dem Ackerlande gewonnen, so profitieren die anderen Ackerfrüchte von den Wurzelmassen, die sich beim mehrjährigen Kleegrasbau ansammeln, und auch die Ausscheidungen des Viehs stehen dem Acker als solche oder in Form von Stallmist und Jauche voll zur Verfügung.

So überlegen, wie das mehrjährige Kleegras zunächst zu sein scheint, ist es aber in Wirklichkeit doch nicht[3]). Bei uns müssen mehrere Voraussetzungen erfüllt sein, wenn das mehr-

---

[1]) C. v. Jarazewski, Wiese und Humus. M. d. DLG 1955, Heft 1, S. 17. Daß man in Dänemark den Kleegrasbau so schätzt, liegt nicht nur an den praktischen Erfahrungen der dänischen Landwirte, sondern noch mehr an den jetzt schon über 50 Jahre laufenden Dauerversuchen von Petersen und Iversen in Askow. Die Kleegrasfruchtfolge ohne Stallmist brachte höhere Erträge als die Fruchtfolge mit starker Stallmistdüngung.

[2]) E. I. Russel, Soil Conditions And Plant Growth. London 1953. Eight Edition, New Impression. S. 411.

[3]) Vgl. auch H. Paetzold, Die Entwicklung der Landwirtschaft von Ländern verschiedener natürlicher und ökonomischer Struktur unter dem Einfluß des Kleegrasbaus. Rostocker Dissertation 1954, auszugsweise veröffentlicht im 4. Jg. 1954/55 der Wissenschaftlichen Zeitschrift der Universität Rostock, S. 67—110.

jährige Kleegras der Ersatz des Dauergrünlandes oder anderer Futterflächen durch etwas Besseres sein soll.

1. Alle Ländereien müssen gut und leicht ackerbar sein und ackerbaulich hohe Erträge bringen.
2. Alle Ländereien müssen kleegrasfähig sein.
3. Das mehrjährige Kleegras muß bei unserer ökonomischen Lage nicht nur im ersten Jahr, sondern auch in den Folgejahren Erträge liefern, die denen des Grünlandes oder sonstiger konkurrierender leistungsstarker Futterflächen überlegen sind.

Diese Voraussetzungen sind bei uns oft nicht erfüllt, so daß man direkt nach Möglichkeiten suchen muß, wo der mehrjährige Kleegrasbau Daseinsberechtigung hat.

1. Viele Wiesen und Weiden sind zu naß oder auch zu kupiert oder zu steinig oder zu schwer, um gut ackerbar zu sein. Viele liegen auch in Höhenlagen, die ackerbaulich nicht nutzbar sind.
2. Alle leichten Regensandböden sind nicht kleegrasfähig.
3. Die kleegrasfähigen Böden liefern bei uns meist nur in besonders futterwüchsigen Gegenden und Lagen auch noch im zweiten oder dritten Kleegrasjahr ökonomisch befriedigende Erträge.

Trotzdem lassen sich bei näherer Untersuchung aber doch auch bei uns erstaunlich viele Möglichkeiten des mehrjährigen Kleegrasbaus finden, wenn man diesen der Örtlichkeit entsprechend abwandelt.

Beginnen möchte ich bei der Schilderung der Möglichkeiten des mehrjährigen Kleegrasbaus mit dem Kleegrassystem meiner Heimat Angeln in Schleswig-Holstein. Das östliche Angeln, aus dem ich stamme, hat einen fruchtbaren futterwüchsigen Boden und ein futterwüchsiges Klima. Es ist ein ausgesprochenes Tierzuchtgebiet ohne Dauerwiesen und ohne Dauerweiden. Gewiß findet sich am Hofe meist eine mit Obstbäumen bestandene Kälberkoppel, auch liegt hier und da eine feuchte Wiesensenke. Das Weidefutter und das Heu für die umfangreichen und hochertragreichen Rindviehbestände wird aber in erster Linie auf dem Ackerlande gewonnen in Form von Kleegras. Früher war es üblich, in der neunfeldrigen Fruchtfolge, die dort meist durch die Knicks gegeben ist, drei Schläge nacheinander mit Kleegras zu bebauen. Im Herbst des Ansaatjahres wurde der dreijährige Kleegrasschlag beweidet, im ersten Hauptnutzungsjahr geheut und in den beiden folgenden Hauptnutzungsjahren beweidet. An Kleearten wurde neben Rotklee, der im ersten Hauptnutzungsjahr in erster Linie das Heu bringen sollte, Weißklee beigemischt für die folgenden Weidejahre. An Gräsern wählte man außer den beiden Weidelgräsern auch Timothee und Wiesenschwingel und auf leichteren Böden vor allem Knaulgras. Die Erträge im ersten Hauptnutzungsjahr waren sehr gut, im zweiten Hauptnutzungsjahr nahmen sie schon ab, und im dritten Hauptnutzungsjahr sanken sie so sehr, daß sie mit etwa 1000 kg/ha Stärkewerten nicht viel über den Erträgen besserer Hutungen lagen[1]). Als nun in den zwanziger Jahren dieses Jahrhunderts durch das Umtriebsweidesystem so große Fortschritte in der Bewirtschaftung der Dauerweide gemacht wurden, standen die Kleegrasweiden im Ertrage weit hinter den intensiv bewirtschafteten Umtriebsdauerweiden, die jetzt 3000—4000 kg Stärkewerte liefern, zurück, und die Wissenschaft forderte allgemein die Aufgabe der Kleegraswechselweide und den Übergang zur modernen hochertragreichen Umtriebsdauerweide. Die Fruchtfolge wurde dann siebenfeldrig, weil zwei Schläge als Dauerweide aus der Rotation herausgenommen wurden. Aber nur wenige Bauern folgten der Wissenschaft. Die meisten nahmen die geringeren Erträge der Kleegraswechselweide absichtlich in Kauf, weil deren Minder-

[1]) E. Mommsen, Untersuchungen über den Einfluß von Dauer- und Wechselweiden auf den landwirtschaftlichen Betrieb unter schleswig-holsteinischen Verhältnissen. Berliner Dissertation 1933. Gedruckt in Dessau.

erträge nach ihren Erfahrungen überkompensiert wurden durch die Mehrerträge der folgenden Ackerfrüchte nach mehrjährigem Kleegrasbau, und das bei geringeren Aufwendungen. Trotzdem wären aber, auf die Dauer gesehen, doch mehr Bauern von der Wechselweide zur Dauerweide übergegangen, wenn nicht große Fortschritte in der Kleegrasweidewirtschaft gemacht worden wären. Man teilte den dreijährigen Kleegrasschlag in einen einjährigen und einen zweijährigen Schlag auf und erhöhte die Futtererträge dadurch sehr. Diese Aufteilung war allerdings schon vor einem Jahrhundert bekannt. So lief z. B. bei THÜNEN in Tellow[1]) seit 1842 die folgende Innenfruchtfolge:

1. Brache gedüngt	6. Kartoffeln
2. Raps	7. Erbsen und Bohnen
3. Weizen	8. Weizen gedüngt oder Gerste ungedüngt
4. Weide (Weißkleegrasgemenge)	9. Mäheklee (Rotkleegrasgemenge)
5. Hafer	10. Weide

In einer gekrönten Preisschrift des Mecklenburgischen Patriotischen Vereins über die auf den verschiedenen Böden Mecklenburgs zweckmäßigen Fruchtfolgen schlägt der ehemalige Eleve THÜNENS, sein Neffe OTTO BERLIN[2]), diese Aufteilung sogar als auf den kleefähigen Böden allgemein empfehlenswert vor.

In Angeln kam man aber erst in den 20er Jahren dieses Jahrhunderts zu einer ähnlichen Aufteilung der Kleegrasschläge.

Eine typische Angeliter Kleegrasfruchtfolge von heute sieht etwa folgendermaßen aus:

Sommerung	Futterrüben
Weißkleeweidegras	Sommerung
Weißkleeweidegras	Rotkleemähegras
Sommerung	Kartoffeln
Winterung	

KASSNITZ bezeichnet diese und ähnliche Fruchtfolgen, wie sie mit geringen Abweichungen auch in Dänemark gang und gäbe sind, mit Recht als geradezu „ideal"[3])

Die Weißkleeweidegraserträge wurden weiter dadurch gehoben, daß ein in Dänemark herausgezüchteter, besonders wüchsiger Weißklee, der Morsoeklee, mehr und mehr angebaut wurde. Dieser Morsoeklee brachte erst die volle Ertragsüberlegenheit der Kleegraswechselweide gegenüber der modernen Umtriebsdauerweide. Ganz neuerdings ist die Überlegenheit noch größer geworden mit dem Ersatz der Tüderkette durch den Elektrozaun. Bei der Tüderkette verschmutzte doch zuviel Futter und verkam. Auch hat der Elektrozaun das Tränken des Viehs auf der Kleegraswechselweide sehr erleichtert. Schließlich lohnt sich bei den höheren Leistungen der Weide jetzt auch die Stickstoffdüngung, insbesondere im zweiten Weidejahr. Die Stickstoffdüngung ist also nicht mehr das Vorrecht der Dauerweide. Die Weißkleegraswechselweiden liefern unter günstigen Verhältnissen jetzt Erträge von 4000 kg/ha Stärkewerten und mehr.

Nicht so viehstarke Betriebe mit weniger als 100 Rindviehgroßvieheinheiten je 100 ha oder solche mit absoluten Dauerweiden haben nur einen Morsoeweidekleegrasschlag.

Als die Akademie 1791 die Preisfrage über die weitere Ausdehnungsmöglichkeit der Koppelwirtschaft auf die Mark Brandenburg stellte, hatte diese von Schleswig-Holstein aus ihren Siegeszug angetreten, Mecklenburg erobert und dort zu großen Erfolgen geführt; anschließend griff sie auf die Mark Brandenburg in Form der märkischen Koppelwirtschaft über. Die Befürworter der Koppelwirtschaft hatten also damals recht behalten. Es liegt daher sehr nahe, die Frage zu stellen, ob in der Mark Brandenburg und Mecklenburg heute

---

[1]) J. H. v. THÜNEN, Der isolierte Staat. Dritte Auflage, Jena 1930, S. 352 u. 353.

[2]) O. BERLIN, Über die in Mecklenburg auf den verschiedenen Böden zweckmäßigen Fruchtfolgen. Neue Annalen der Mecklenburgischen Landwirtschaftsgesellschaft, 19. Jahrgang, 1841.

[3]) KASSNITZ, Die Wechselweidewirtschaft, Heft 22 des AID.

noch die Möglichkeit zu mehrjährigem oder mehrmaligem Kleegrasbau auf dem Ackerlande gegeben ist, wie es für weite Teile Schleswig-Holsteins und Dänemarks zutrifft. Für die Ackerländereien der Mark Brandenburg muß diese Frage verneint werden. Der mehrjährige Kleegrasbau hielt sich dort selbst auf den besseren Böden nur, solange die Wolle hoch im Preise stand, die Wollpreise weit über den Produktionskosten lagen, also bis etwa 1860. Der mehrjährige Kleegrasbau bringt dort im zweiten und dritten Hauptnutzungsjahr so geringe Erträge, daß nur das Schaf diese Weideflächen bei guten Wollpreisen befriedigend nutzen kann. Seit dem Niedergang der Schafhaltung und dem Übergang zur verstärkten Rindviehhaltung mußte man versuchen, das Futterproblem anders zu lösen. Eine sehr gute Lösung ist der Luzernebau auf Teilflächen des Betriebes, die luzernefähig sind, zur Gewinnung von Heu und die Anlage von Dauerweiden auf ausgesuchten feuchteren futterwüchsigen Flächen des Betriebes zur Gewinnung des Sommerfutters. Oft müssen aber auch Dauerwiesen oder einjähriges Kleegras oder Landsberger Gemenge das Heu liefern, und bei Mangel an dauerweidefähigem Land müssen einjährige Leguminosenfuttergemenge, als Zweitfrucht oder als Hauptfrucht angebaut, das eigentliche Sommerfutter liefern, das dann im Stall gefüttert wird. Der Weidegang beschränkt sich in diesen Fällen auf das Abhüten von Zwischenfrüchten im Herbst. Eine Rückkehr zum mehrjährigen Kleegrasbau auf den Ackerböden der Mark Brandenburg wäre der größte Rückschritt, auch wenn man den dreijährigen Kleegrasschlag wie in Schleswig-Holstein in einen einjährigen Rotkleegrasmäheschlag und einen zweijährigen Weißkleegrasweideschlag auflösen wollte. Wir haben keinen Weißklee, der auf dem nur wenig futterwüchsigen brandenburgischen Ackerland befriedigende Erträge bringt. Auch der Morsoeklee befriedigt hier nicht.

Größere Aussichten hat dagegen die moderne schleswig-holsteinische Form der Koppelwirtschaft in dem maritimeren Mecklenburg. Dort herrschte die Koppelwirtschaft vor, als die Akademie 1791 die Preisfrage stellte. Der mehrjährige Kleegrasschlag verschwand in Mecklenburg auch nicht mit dem Niedergang der Schafhaltung. Die besseren Ackerböden sind hier doch schon so futterwüchsig, daß der mehrjährige Kleegrasschlag im zweiten und dritten Hauptnutzungsjahr durchaus leistungsfähiges Rindvieh ernährt, noch dazu wenn man ihn nach dem zweiten Jahr mit Stallmist abdüngt, worauf schon C. Pogge großen Wert legte, der durch eine vorbildliche Futterwirtschaft die Rindviehhaltung bereits in der ersten Hälfte des 19. Jahrhunderts forcierte, als die Preise der Rindvieherzeugnisse noch niedrig waren. Aber die Dauerweide erwies sich doch mehr und mehr, hauptsächlich seit Aufkommen der Umtriebsdauerweide, als überlegen. Immerhin war in den maritimeren Teilen Mecklenburgs der mehrjährige Kleegrasbau doch noch bis vor kurzem zu finden. Die letzten Reste wurden erst durch die Anbauplanung nach 1945 beseitigt. Sicherlich hat der mehrjährige Kleegrasbau in der alten Form in Mecklenburg auch keine Daseinsberechtigung mehr, aber ebenso sicher erscheint es mir, daß die neue schleswig-holsteinische Form hier beträchtliche Aussichten hat. Als Beispiel verweise ich nur auf die Halbinsel Wittow auf Rügen. Hier ist ebenso wie in Angeln kein Dauergrünland vorhanden, der Boden ist voll ackerbar. Boden und Klima sind ähnlich wie im östlichen Angeln. Warum sollte nicht dort der mehrjährige oder mehrmalige Kleegrasschlag am Platze sein. Voraussetzung ist allerdings der Anbau des wüchsigen Morsoeklees. Sonst ist die Dauerweide der Kleegrasweide im Ertrage doch zu sehr überlegen. Die Halbinsel Wittow ist von mir ausdrücklich nur als Beispiel genannt worden, weil die notwendigen Voraussetzungen hier klar zutage liegen. Nicht viel anders gelagert sind aber die Verhältnisse wahrscheinlich in vielen Gegenden des maritimeren Mecklenburgs mit kleefähigem Boden.

Groß sind die Aussichten des mehrjährigen Kleegrassystems auch in den feuchteren Mittelgebirgslagen, wenn man die Form abwandelt. In der alten Form des dreijährigen Kleegrasbaues, in der es dort früher fast noch mehr als in den Küstengebieten auf kleegrasfähigen, ackerbaren Böden verbreitet war, ist es nur selten noch haltbar. Selbst bei 500 m

Höhenlage und 700 mm Niederschlag gehen die tüchtigsten Erzgebirgsbauern immer mehr vom alten mehrjährigen Kleegrasbau ab. Die Erträge befriedigen schon im zweiten Hauptnutzungsjahr nach heutigen Begriffen nicht mehr. Man nimmt im zweiten Jahr nur einen ersten Schnitt, der meist aus Timothee besteht und recht ergiebig ist, wenn reichlich mit Stickstoff gedüngt wird und verzichtet auf den nur mäßigen zweiten Schnitt und baut statt dessen eine hochertragreiche Zweitfrucht wie etwa Pflanzrüben oder Markstammkohl nach. Neben diesem eineinhalbjährigen Kleegrasbau schaltet man noch zusätzlich Kleegras als Zwischenfrucht in die Fruchtfolge ein. Vorbildlich gehandhabt wird dieser neuzeitliche Kleegrasbau von dem erzgebirgischen Meisterbauern G. SEIFERT in Thalheim, Kreis Stollberg, bei 500 m Höhenlage.

Auf seinem Ackerlande laufen zwei Fruchtfolgen:

Fruchtfolge I (näher dem Hof)

1. Rotkleegras, zwei Schnitte
2. Rotkleegras, ein Schnitt, anschließend Pflanzrüben und Markstammkohl
3. Hafer mit eingespritzten Hülsenfrüchten zur Samengewinnung, anschließend Zwischenfrucht (Futterroggen zur Silage)
4. Kartoffeln
5. Roggen mit Kleegrasuntersaat (3 kg/ha Schwedenklee + 24 kg/ha Welsches Weidelgras)
6. Hafer
7. Kartoffeln
8. Weizen mit Kleegrasuntersaat (10 kg/ha Rotklee + 8 kg/ha Timothee + 6 kg/ha Welsches Weidelgras).

Fruchtfolge II (ferner dem Hof)

1. Rotkleegras, zwei Schnitte
2. Rotkleegras, ein Schnitt, anschließend Leguminosenstoppelfrucht
3. Futterrüben
4. Hafer
5. Roggen mit Kleegrasuntersaat (3 kg/ha Weißklee + 10 kg/ha Timothee + 20 kg/ha Welsches Weidelgras)
6. Kleegras, ein Schnitt
7. Winterraps mit Zwischenfrucht (Leguminosenstoppelfrucht)
8. Kartoffeln
9. Sommergerste mit Kleegrasuntersaat.

Ähnlich wie Meisterbauer SEIFERT machen es viele Erzgebirgsbauern. Sie gehen ab von der ertragsarmen Dauergrünlandwirtschaft, kehren aber dabei nicht zur alten mehrjährigen Kleegraswirtschaft zurück, sondern zu einem mehrschlägigen Kleegrasbau. Wenn man diesen mehrschlägigen Kleegrasbau, bei dem der zweite Kleegrasschlag oft nur eine Zwischenfrucht, der erste aber eineinhalbjährig ist, als moderne Form der mehrjährigen Kleegraswirtschaft in den feuchten Mittelgebirgslagen bezeichnen will, ähnlich wie die mehrschlägige Form in Angeln, dann hat der mehrjährige Kleegrasbau in dieser modernen Form auch in den Mittelgebirgen noch große Aussichten. Nur in noch höheren Lagen oder bei schlechter Ackerbarkeit der Böden ist die alte mehrjährige Form des Kleegrasbaus noch am Platze, bis diese in noch höheren Lagen von dem Dauergrünland abgelöst wird oder auch von der Egartenwirtschaft, bei der die Kleegrasjahre die Ackerjahre weit überwiegen. Wie dieses extreme Feldgrassystem heute abzuwandeln ist, soll hier nicht näher behandelt werden. Es sei hier nur verwiesen auf die Schriften von LORCH[1]) und BRÜMMER[2]), die wertvolle Anregungen enthalten.

[1]) LORCH, Die Egart- oder Wechselwiesenwirtschaft. Heft 22 des AID.

[2]) BRÜMMER, Die Mähweidewirtschaft. Heft 22 des AID.

Außer diesen beiden verbesserten alten Systemen des mehrjährigen Kleegrasbaus haben wir aber doch noch einige neue Möglichkeiten des echten mehrjährigen Kleegrasbaus, ja sogar der Wiljamsschen Futterfruchtfolge bei uns aufgefunden: die eine Möglichkeit ist der Anbau mehrjährigen Kleegrases auf feinkörnigen Grundwassersandböden, die von meinem Mitarbeiter G. WACKER erkannt und ausgebaut worden ist, und die andere die Wechselnutzung der Moorböden, die schon lange bekannt ist, deren Grundlagen in Ost und West erarbeitet werden; das beste Untersuchungsmaterial hat bei uns bis jetzt E. WOJAHN, Müncheberg, geliefert; wertvolle Erfahrungen aus der Praxis verdanken wir H. DUBSLAFF, Müncheberg.

Wir haben in den weiten Talsandgebieten viele Dörfer, deren Flur aus grundwassernahen feinen Sanden besteht. Die Böden in der Nähe des Dorfes sind gewöhnlich Regensandböden, diese gehen meist schnell in Grundwassersandböden mit einem Grundwasserstand von etwa 1 m über, die gut ackerbar sind, ohne daß in nassen Jahren und nassen Zeiten, wenn der Grundwasserstand sich hebt, Nässeschäden zu befürchten sind. Diese gut ackerbaren Grundwasserböden senken sich dann allmählich in Grundwassersandböden mit einem Grundwasserstand von 50—60 cm; bei ackerbaulicher Nutzung treten in nassen Jahren und in nassen Zeiten in dieser Lage regelmäßig starke Nässeschäden auf. Es folgen dann die Weiden, die an sich recht gut sind, aber wegen der feinkörnigen Beschaffenheit des Bodens zur Verdichtung neigen und, bei Weidegang zur Unzeit, leicht einmal verbinsen und dann keinen rechten Wuchs mehr zeigen, und schließlich folgen die Wiesen, die im Winter größtenteils unter Wasser stehen, aber in Nässeperioden manchmal auch zu anderen Zeiten überschwemmen. Kein Bauer denkt daran, die Wiesen umzubrechen; das könnte höchstens einmal erwogen werden, wenn der Überschwemmung nicht ausgesetzte höher gelegene Wiesen verwahrlost sind. Kein Bauer denkt auch daran, die Dauerweiden umzubrechen und zur Kleegraswechselnutzung überzugehen, solange sie im Ertrage befriedigen. Aber die verbinsten schwachwüchsigen, ertragsschwachen Dauerweiden und das nässegefährdete Ackerland werden gerne in Wechselnutzung genommen[1]). Wenn auch diese Wechselnutzung, der dreijährige Kleegrasbau mit anschließend dreijährigem Ackerbau, nur auf 10% der Landwirtschaftlichen Nutzfläche Anwendung findet, so beeinflußt sie doch den ganzen Betrieb und hebt ihn auf eine höhere Stufe des Ertrages.

Das Kleegras selbst bringt etwa doppelt so hohe Erträge von der Flächeneinheit wie das ehemalige Grünland. Es werden drei Jahre hindurch etwa 80 dz/ha Heu geerntet. Allerdings muß die richtige Kleegrassaatmischung gewählt werden. Man wählt etwa:

Rotklee	8 kg/ha
Schwedenklee	4 kg/ha
Weißklee	2 kg/ha
Wiesenlieschgras	4 kg/ha
Wiesenschwingel	6 kg/ha
Deutsches Weidelgras	4 kg/ha
Sa.:	28 kg/ha

Auch muß nicht etwa reichlich, wohl aber richtig gedüngt werden. Die p_H-Zahl von mindestens 5,5 muß garantiert sein. Das geschieht nötigenfalls durch eine Kalkgabe von etwa 18 dz/ha $CaCO_3$ vor dem Umbruch des Grünlandes zu Kleegras oder, wenn nach dem Umbruch zunächst Ackerkulturen folgen, durch eine solche Kalkgabe nach Hafer zu den Rüben. Abgesehen von der Regelung der Kalkfrage wird zum ersten Hauptnutzungsjahr nur mit 3 dz/ha 40%igem Kali gedüngt, zum zweiten Jahre, damit der Rotklee sich möglichst lange

[1]) G. WACKER, Der mehrjährige Kleegrasbau auf feinkörnigen, grundwassernahen Sandböden. Diss. Rostock 1955.

hält, außer mit 2 dz/ha 40%igem Kali noch mit 2 dz/ha Thomasmehl und zum dritten Jahr außer mit 2 dz/ha 40%igem Kali noch mit 3 dz/ha Kalkammonsalpeter, damit das Gras, das jetzt vorherrscht, die anfängliche Ertragshöhe des Kleegrases aufrecht erhält. Zusätzlich werden noch im Winter vor dem letzten Nutzungsjahr 160 dz/ha Pferdedung gegeben, der zusammen mit dem nahe anstehenden Grundwasser geradezu Treibhauswachstumsbedingungen schafft. Auf keinem Boden, nicht auf den Lehmböden Schleswig-Holsteins und nicht auf den Schieferverwitterungsböden des Erzgebirges hält der Rotklee bei uns solange durch wie auf diesen Grundwassersandböden. Während der Rotklee sonst schon im zweiten Hauptnutzungsjahr fast verschwunden ist, tritt er hier erst im dritten Hauptnutzungsjahr zurück. Wichtig ist, daß die Kleegrasschläge im Frühjahr mit Dornenschleppen abgeschleppt werden, damit die neuen Kleegrastriebe sich im Frühjahr nicht aus verfilzter Narbe hervorzuquälen brauchen.

Die drei folgenden Ackerfrüchte: meistens Hafer, Runkelrüben und Sommerweizen sind nach mehrjährigem Kleegrasbau nicht mehr nässegefährdet. Der dreijährige Kleegrasbau hebt die Bodenstruktur so sehr, daß Nässeschäden nicht mehr auftreten, wo sonst das Verschlämmen des Bodens und das Ausfaulen der Ackerfrüchte besonders der Kartoffeln bei reichlichen Niederschlägen im Mai/Juni die Regel waren. Ohne größeren Pflegeaufwand werden nach mehrjährigem Kleegras unkrautreine Ackerkulturen erzielt und bei mäßiger Düngung gute und sichere Ernten.

Die ehemals verbinsten Weideflächen können nach mehrjährigem Kleegrasbau wieder in Dauerweiden ausgelegt werden, ohne daß die Binsen wiederkommen. Bricht man diese verbinsten Weideflächen dagegen um und benutzt sie in der Zwischenzeit ackerbaulich ohne Kleegras, so verbinsen sie später noch stärker als vorher, da der Boden durch den Ackerbau ohne Kleegras an Humus verarmt, in noch schlechtere Struktur kommt, also noch dichter lagert als vorher.

Da bei der Wechselnutzung ein Teil der Ackerkulturen auf ehemaliges Grünland gelegt wird oder auf nässegefährdete Flächen, die nach der Verordnung zur Förderung der Wechselnutzung vom 9. 5. 1952 von der Veranlagung mit pflanzlichen Produkten befreit werden, kann auf den ackerbaulich einwandfreien Grundwassersandböden nunmehr der einjährige Kleegrasbau eingeführt werden, der nicht nur die Futterversorgung des Betriebes verbessert, sondern auch die Folgefrüchte günstig beeinflußt. Schließlich fällt bei der verbesserten Futterwirtschaft und den höheren Ackererträgen mehr Stallmist und Jauche an, der den Regensandböden und dem gesamten Dauergrünland zugute kommt.

Eine Wechselnutzung auf nur 10% der Landwirtschaftlichen Nutzfläche verbessert also in der Tat den gesamten Betrieb, verleiht ihm insbesondere eine höhere Stabilität und stellt ein Anwachsen der Bodenfruchtbarkeit in Aussicht.

Hat man es bei den Grundwassersandböden mit ebenen Flächen zu tun, auf denen noch dazu der Grundwasserstand durch Pumpen reguliert werden kann, so ist der Übergang zum echten mehrjährigen Kleegrassystem in der gesamten Fruchtfolge möglich. Solche Verhältnisse finden sich bei uns stellenweise auf dem Darß. Der Grundwasserstand wird dann auf 80—90 cm gehalten. Eine bewährte Fruchtfolge ist dort

1. Kleegras
2. Kleegras
3. Kartoffeln
4. Winterroggen
5. Futterrüben
6. Hafer
7. Winterroggen

Viel länger bekannt, aber noch nicht so erforscht, ist der mehrjährige Kleegrasbau bzw. die Wechselnutzung auf Moor. Da bei uns hauptsächlich nur Niederungsmoore vorkommen, möchte ich mich auf diese beschränken. Nach W. Baden, dem Leiter der Moorversuchsstation in Bremen[1]), scheint der mehrjährige Kleegrasbau auch bei der Bewirtschaftung der Hochmoorböden wieder in Ansehen zu kommen. Bisher lagen in Hochmoorbetrieben etwa $^2/_3$ der landwirtschaftlichen Nutzfläche in Dauergrünland, und auf dem übrigen Drittel trieb man reine Ackerschwarzkultur. Das Dauergrünland soll aber jetzt nach 50 Jahren nicht mehr befriedigen, weil die oberste entsäuerte Kulturschicht immer mehr aufgezehrt worden ist und Krume und Grünlandnarbe so verflacht sind, daß das Dauergrünland immer leistungsschwächer wird. Aber der Kleegrasbau soll dort wohl kein regelmäßiger Bestandteil der Fruchtfolge werden und das Dauergrünland nicht ersetzen, sondern soll es wohl nur hin und wieder einmal regenerieren.

Die reine Ackerschwarzkultur auf Niederungsmoorböden hat sich nicht bewährt, obwohl nun schon mehrere Moorversuchsstationen mehrere Generationen daran gearbeitet haben, die Schwarzkultur zu sichern. Man weiß genau, welche Ackerfrüchte überhaupt annehmbare Erträge auf Niederungsmoor liefern. Auf gut zersetztem Niederungsmoor mit nicht zu schwacher und nicht zu starker Entwässerung, also mit einem Grundwasserstande von etwa 60—100 cm, sind es Hanf, Kartoffeln, Futterrüben, Kohl, Hülsenfruchtgemenge aus Peluschken, Ackerbohnen und Wicken; an Getreide kann nur Winter- oder Sommerroggen gebaut werden und evtl. auch einmal Hafer; von den Ölfrüchten liefert nur der Senf annehmbare Erträge. Auf unzersetztem oder wenig zersetztem Niederungsmoor gedeihen freudig nur Hafer und Kartoffeln. Durch allmähliches Vertiefen der Ackerkrume bei dem Anbau dieser Erstfrüchte kann man aber allmählich eine gut vererdete Ackerkrume schaffen und dann mehr und mehr auch die anderen Niederungsmoorfrüchte anbauen.

Aber zu einem lohnenden Anbau ist es auch bei richtiger Auswahl der Ackerkulturen auf Niederungsmoor bei Ackerschwarzkultur nicht gekommen. Die Verunkrautung und die Vermullung bereiten unüberwindliche Schwierigkeiten.

Kein Boden ist bei ackerbaulicher Kultur so unkrautwüchsig wie das Niederungsmoor. Vor allem handelt es sich dabei um eine Verunkrautung mit den Samenunkräutern: Vogelmiere *(Stellaria media L.)*, Bitterling *(Polygonum persicaria)* L. und Melde *(Chenopodium album L.)*. Worin diese große Unkrautwüchsigkeit des Niederungsmoores ihren Grund hat, ist kaum untersucht worden. Neben dem Stickstoffreichtum und dem Wasserreichtum des Niederungsmoores halte ich die starken Wechseltemperaturen, denen der Niederungsmooracker im Frühjahr ausgesetzt ist, für entscheidend. Die Wechseltemperatur wirkt als Keimreiz[2]) und bewirkt, daß ein viel größerer Anteil der keimfähigen Samen, die im Ackerboden ruhen, tatsächlich zum Keimen kommt, statt sonst 10% jetzt vielleicht 20% oder 30%[3]). Außerdem können die aufgelaufenen Unkräuter viel weniger als auf anderen Böden vor der Aussamung vernichtet werden. Chemische Mittel scheiden weitgehend aus, da diese nur im Getreide, das auf Niederungsmoor in geringem Umfang angebaut wird, angewandt werden können. Auch das Hacken bei Kartoffeln, Futterrüben und Kohl, die auf Niederungsmoorböden an sich einen guten Standort haben, muß auf ein Minimum beschränkt werden, da der Niederungsmoorboden sonst leicht vermullt; nur die flach greifende Netzegge kann regelrecht gegen das Unkraut eingesetzt werden. Allerdings unterdrückt der Hanf wegen seines schnellen Wachstums — er wächst bei reichlicher Kaliphosphatversorgung und angemessener Entwässerung auf Niederungsmoor bis über 5 cm je Tag — jedes Unkraut. Nicht die Quecke, nicht der Bitterling und nicht die Ackerdistel vermögen mit ihm Schritt zu halten. Aber man kann auf Niederungsmoor nicht ewig Hanf anbauen, wenngleich ein mehrmaliger Anbau auf gut zersetztem Niederungsmoor durchaus möglich ist.

Auch die Gefahr der Vermullung führt bei reiner Schwarzkultur auf Niederungsmoor zu unüberwindlichen Schwierigkeiten. Je mehr das Moor bewegt wird, je mehr also die

---

1) W. Baden, Festschrift zum 75jährigen Bestehen der Anstalt. Bremen 1952.
2) A. Zade, Der Flughafer. Arbeiten d. DLG, H. 229, 1912, S. 34.
3) O. Wehsarg, Ackerunkräuter (Biologie, Allgemeine Bekämpfung und Einzelbekämpfung). Berlin 1954.

Hackfrüchte darauf angebaut werden, die dort besonders gut gedeihen, um so eher vermullt das Moor; es kommt in den eigenartigen pulverigen Zustand, in dem es kein Wasser mehr annimmt. Der Hanfbau wirkt zwar ebenso wie der Verunkrautungsgefahr auch der Vermullungsgefahr entgegen, aber ewiger Hanfbau ist eben unmöglich.

Immer mehr und immer wieder sind deshalb alle Direktoren der Moorversuchsstationen (Freckmann, Kannenberg, Feldt, Breithaupt, Wachs, Baden) nach einer Lebensarbeit zu der Überzeugung gekommen, daß Ackerschwarzkultur auf Niederungsmoor unmöglich ist, daß nur die Einführung eines mehrjährigen Kleegrases die Gefahr der Vermullung und der Verunkrautung bei ackerbaulicher Kultur des Niederungsmoores bannen kann, daß also die Wechselnutzung der einzige wirkliche Ausweg ist.

Allerdings gibt es nur wenige Betriebe, deren Flur nur aus Niederungsmoorböden besteht. Diese reinen Niederungsmoorbetriebe müssen zur Kleegraswechselwirtschaft übergehen, man wird die Ackerjahre etwas länger als die Kleegrasjahre ausdehnen, wenn der Boden nicht zu sehr zur Vermullung neigt. Zur Sicherung eines reichlichen Kleegrasertrages im dritten Hauptnutzungsjahr oder noch später wird man den Kleegrasschlag im Herbst des zweiten Hauptnutzungsjahres mit Stallmist abdüngen; in den Ackerjahren bedarf es der Stallmistdüngung nicht, sie würde nur die Verunkrautungsgefahr und die Vermullungsgefahr noch verschlimmern. Wenn man den Stallmist auf das Kleegras gibt, besteht diese Gefahr nicht.

Meistens ist der Niederungsmooranteil der Betriebe kleiner. Auf den Niederungsmoorflächen wird dann nicht Ackerschwarzkultur betrieben, sondern sie werden als Dauergrünland genutzt. Namentlich die Dauerweide in Form der Umtriebsweide oder gar der Portionsweide hat sich oft sehr bewährt. Wenn die Dauergrünlanderträge befriedigen, besteht kein Grund, auf diesen Flächen zur Wechselnutzung überzugehen. Aber das Dauergrünland versagt eben in vielen Fällen doch. Das ist besonders oft der Fall bei feinsandhaltigen, bei durchschlickten und bei stark zersetzten Niederungsmooren; sie verdichten bei Weidegang oder bei unsachgemäßem Walzen, in schlimmsten Fällen verbinsen sie. Aber schon vorher ist in den verdichteten Böden die Mineralisation des Stickstoffs so herabgesetzt, daß die Dauerweiden kümmern und man auf den stickstoffreichen Niederungsmooren mit Stickstoff düngen muß, um einigermaßen befriedigende Erträge zu erzielen. Das ist weiter der Fall auf Wiesen, die vernachlässigt sind. Entweder verunkrauten sie stark, oder sie verfilzen mit ihren flachen Wurzeln die oberste Bodenschicht so sehr, daß die Bodenluft mit Kohlensäure angereichert wird, weil der Luftaustausch unterbunden ist und die Mineralisation des Niederungsmoorstickstoffs aus diesem Grunde unterbleibt und eine mineralische Stickstoffzufuhr notwendig wird, wenn noch befriedigende Erträge erzielt werden sollen. Die Verfilzung scheint besonders häufig auf Niederungsmoorböden aufzutreten, die einen zu niedrigen Grundwasserstand haben. Die Wurzeln der Grünlandpflanzen gehen gar nicht erst in die Tiefe, weil dort doch nichts zu holen ist; die Erträge lassen nach, man vernachlässigt das Grünland deshalb in der Düngung, weil sie doch nicht richtig anschlägt, und die ärmeren Pflanzenbestände, die sich dann einstellen, bleiben noch mehr in den oberflächlichen Schichten, die Verfilzung erreicht damit ihren Höhepunkt. In allen diesen Fällen sollte man zur Wechselnutzung übergehen, da sie sowohl der Verfilzung, als der Verdichtung, als der Verunkrautung, als den niedrigen Erträgen ein Ende macht.

Voraussetzung zum Übergang zur Wechselnutzung ist allerdings, daß das Niederungsmoor durch gute Wege aufgeschlossen ist. Sonst ist nur eine gelegentliche mehrmalige Einschaltung von Hanf möglich, der zwar keinerlei Pflege bedarf, dessen Abtransport wegen der Sperrigkeit aber doch bei schlechten Wegeverhältnissen Schwierigkeiten bereitet. Wenn gute Wege nicht vorhanden sind oder nicht geschaffen werden können, muß man wohl oder übel bei der Dauergrünlandnutzung bleiben, die man hin und wieder einmal durch Hanfbau oder Kleegraszwischennutzung oder auch durch gelegentlichen Umbruch nach dem ersten Schnitt mit sofortiger Neuaussaat im August regeneriert.

Eine gute Nutzung solcher entfernt liegenden, schlecht zugängigen Flächen ist manchmal durch die Anlage von Genossenschaftsjungviehweiden gegeben. In Rothenklempenow im Randowbruch bestand 30 Jahre lang, von 1914—1944, eine solche Genossenschaft[1]), die mit gutem Erfolge arbeitete, weil die angrenzende Uckermark wegen des trockenen Klimas nicht genug Dauerweiden für die Jungviehaufzucht hat. Auf 1500 Morgen wurden 1000 bis 1500 Jungrinder mit reichlich 5 Zentner Anfangsgewicht aufgetrieben. Der Zuwachs war mit 2 Ztr. je Tier in 160 Tagen zufriedenstellend, die entstehenden Unkosten (1 Wärter mit 2 Gehilfen, Dünger, Tränkanlagen usw.) wurden nach dem Auftriebsgewicht umgelegt und waren sehr gering. Sie betrugen etwa 4 Pf. den Tag je Zentner Auftriebsgewicht. Der Zentner Zuwachs kam im Durchschnitt auf 15—20 M. Einige Landwirte, die besonders gutes Vieh auftrieben und es auch richtig auf das Weiden vorzubereiten verstanden, erzielten einen Zuwachs in der Weidezeit je Tier von über 4 Ztr. Der Zentner Zuwachs stellte sich kostenmäßig dann auf weniger als 10 M.

Selbstverständlich scheidet die Wechselnutzung auch auf allen Flächen, die unter Druckwasser leiden oder die während der Vegetationszeit überschwemmen oder die einen zu hohen Grundwasserstand haben, aus.

Früher war die Wechselnutzung auf leistungsschwachen Niederungsmoorflächen schon ziemlich verbreitet[2])[3]). Sie kam fast zum Erliegen, als 1949 beim Flächenwirtschaftsvergleich alle in Wechselnutzung liegenden Moorflächen katastermäßig als Acker registriert und bei der Anbauplanung und bei der Ablieferung als Acker behandelt wurden. Erst seit 1953, nach Erlaß der Verordnung zur Förderung der Wechselnutzung vom 9. 5. 1952, lebt die Wechselnutzung wieder auf.

Voraussetzung des Gelingens der Wechselnutzung auf Niederungsmoor ist, daß die Ansaat des Kleegrasgemenges in richtiger Weise geschieht. Bei der großen Unkrautwüchsigkeit des Niederungsmoores besteht die Gefahr, daß die Ansaat vom Unkraut unterdrückt wird. Man muß das Kleegrasgemenge geradezu „etablieren“[4]), ähnlich wie das bei der Luzerne in Gegenden geschehen muß, wo diese die Angel ist, um die sich die Futterversorgung dreht.

Keinesfalls darf man das Kleegras im Frühjahr unter Getreide zur Körnergewinnung, wie es sonst meist üblich ist, untersäen und noch weniger im Frühjahr oder Hochsommer blank ansäen. Das Unkraut, allen voran die Vogelmiere, unterdrückt dann meist die Aussaat. Wie oft sind bei solchen Ansaatmethoden reine Vogelmierenbestände das traurige Ergebnis. Durch die Müncheberger Versuche im Roten Luch hat E. Wojahn[5]) die Ansaatfrage des Kleegrasgemenges zur Wechselnutzung auf Niederungsmoor geklärt. Bewährt hat sich die in der Praxis oft anzutreffende Blanksaat Mitte August. Um diese Zeit keimt eben wenig Unkraut. Die Frühjahrskeimzeit ist vorüber, und die Herbstkeimzeit ist noch kaum da. Außerdem ist der August die natürliche Keimzeit der Gräser, in der sie besonders energisch keimen. Oft fehlt es aber auf dem Niederungsmoor an passenden Vorfrüchten. Grünfuttergemenge, die das Feld um diese Zeit räumen, scheiden meist aus, da man bei Wechselnutzung

---

[1]) Vgl. H. Malzahn, Die landwirtschaftliche Nutzung von Niederungsmoor, dargestellt am Beispiel des Randowbruchs. Rostocker Diplomarbeit 1950.

[2]) Allerdings versagt auch diese, wo wie in der Niederlausitz das Grundwasser durch die Braunkohlenindustrie total entzogen ist. Hier half früher nur die Besandung, die aber zu große Unkosten verursacht. Helfen kann aber heute auch die Sandmischkultur, die sich billig maschinell durchführen läßt, wie noch des näheren ausgeführt werden wird.

[3]) H. Dubslaff, Möglichkeiten des Grünlandumbruchs und Vorteile der Wechselnutzung von Grünland- und Ackernutzung unter Berücksichtigung der Futterfruchtfolgen vom Trawopolnajasystem. Die Deutsche Landwirtschaft 1953, August-Heft, S. 413—418.

[4]) Der Ausdruck stammt von C. v. Wulffen. Er „etablierte“ die Luzerne auf den Flächen seines Sandbodengutes, die von Lehm unterlagert waren. Vorbildlich gehandhabt wird diese Etablierung der Luzerne heute beispielsweise von dem Bauern A. Seeber, Neulietzegöricke im Oderbruch. Da dort außer durch Luzernebau und Gras- und Kleesamenbau kein Rauhfutter beschafft werden kann, steht und fällt die Wirtschaft mit dem Luzernebau.

[5]) E. Wojahn, Ein Beitrag zur Wechselnutzung auf Niederungsmoor (Ihre Vorteile, der optimale Grundwasserstand und die beste Aussaatmethode des Kleegrasgemenges). Rostocker Dissertation 1955.

schon reichlich Futter gewinnt. In Frage kommt außerdem nur noch die frühe oder die mittelspäte Kartoffel. Die Frühkartoffel anzubauen, lohnt sich aber nur selten, die mittelspäten Kartoffeln räumen nicht immer rechtzeitig das Feld, da sie bei den Spätfrösten im Juni, die auf dem Niederungsmoor die Regel sind, abfrieren und die Regeneration dann doch so viel Zeit beansprucht, daß sie erst im September geerntet werden können.

Die Müncheberger Untersuchungen von E. Wojahn haben aber zu einer anderen sicheren Aussaatmethode des mehrjährigen Kleegrases auf Niederungsmoor geführt. Nach diesen Versuchen ist eine Frühjahrsansaat unter Grünhafer oder Grünfutterroggen zu empfehlen. Durch diese Untersuchungen haben die Anregungen, die der Moorwirt Feldt vor Jahrzehnten gegeben hat[1]), ihre Bestätigung und ihren Ausbau erfahren. Die Ansaat unter Grünhafer oder noch besser unter Grünwinterroggen ergibt unkrautfreie Kleegrasbestände. Die Samenunkräuter sind dem Grünfutter kaum gewachsen, die verbleibenden Reste werden vor der Aussamung bei der frühen Ernte des Grünfutters geschnitten. Wegen des frühen Räumens der Deckfrucht liefert das Kleegrasgemisch auch schon im Aussaatjahr ansehnliche Erträge. Eine zeitige Ansaat auf den tauenden Boden im Februar oder März unter Grünroggen vertragen nicht nur die Kleearten, sondern wie schon H. Kannenberg festgestellt hat, auch die Gräser und unter diesen selbst das in den späteren Jahren so spätfrostempfindliche Knaulgras[2]).

Geklärt hat E. Wojahn in den Müncheberger Untersuchungen im Roten Luch weiter die Frage, welches der optimale Grundwasserstand für die Wechselnutzung ist. Es zeigte sich, daß bei einem Grundwasserstand von 50 cm im April/Mai, 60 cm im Mai/Juni und 70 cm im Juli/August optimale, und zwar sehr hohe Erträge sowohl bei Kleegras als auch bei den Ackerwechselfrüchten zu erzielen sind.

Nach den grundlegenden Untersuchungen von R. Reincke[3]) hängt aber der optimale Grundwasserstand auf Niederungsmoorböden noch von deren Lagerungsdichte ab. Dicht gelagerte Böden sind bei gleichem Grundwasserstand nässer als locker gelagerte. Aber nach Kleegras lagert auch der dichte Boden lockerer, so daß der oben angegebene Grundwasserstand, der auf normal gelagertem tiefgründigem Niederungsmoor experimentell ermittelt wurde, ziemlich allgemein als optimal unter ähnlichen Niederschlagsverhältnissen, wie sie am Versuchsort vorherrschen, also bei reichlich 500 mm Niederschlag, anzusehen sind. In feuchtem Klima dürfte der optimale Grundwasserstand tiefer liegen, und zwar 8 cm tiefer bei 100 mm Mehrniederschlag, wie schon C. A. Weber angab.

Bei noch höherem Grundwasserstand scheidet die Wechselnutzung aus. Man muß versuchen, sofern diese Flächen als Dauergrünland ertragsarm werden, sie hin und wieder durch billige Kleegrassaaten aus Bastardklee und Timothee zu regenerieren.

Versuchsmäßig nicht geklärt ist aber die andere nicht weniger wichtige Frage, bei wie niedrigen Grundwasserständen die Wechselnutzung auf Niederungsmoor noch möglich ist. Wechselnutzung wird ja oft gerade auf Flächen betrieben, die zu stark entwässert sind. Nach Beobachtungen aus der Praxis dürfte ein 1 m tieferer Grundwasserstand als der optimale auf Niederungsmoorböden die äußerste Grenze sein. Nach Baumann und Kreil[4]) sind auf stark humosen Böden mit Sanduntergrund die Erträge des mehrjährigen Kleegrases bei solchen niedrigen Grundwasserständen nicht höher als 40 dz/ha Heu. Allerdings betreffen deren Versuche auf dem Berliner Universitätsgut Berge weder das Niederungsmoor noch die Wechselnutzung. Es werden die Kleegrassaaten in Berge auf stark humosem Sand angebaut und nach einer Reihe von Jahren immer wieder umgebrochen und ohne Acker-

---

[1]) D. Feldt, Futterbau in Ostpreußen. Mitt. d. V. z. F. d. M. i. DR, 43. Jahrg. 1925.

[2]) H. Kannenberg, Fortschritte der Moorkultur. Berlin 1939.

[3]) R. Reincke, Über die Zusammenhänge zwischen Grundwasserstand und Ertrag auf Niederungsmoorwiesen. M. d. DLG 17/1932.

[4]) H. Baumann und W. Kreil, Zur Frage der Wechselnutzung, insbesondere auf Niederungsmoorböden. Die Deutsche Landwirtschaft 1954, Mai-Heft, S. 242—249.

zwischennutzung neu angesät. Wir haben es also mehr mit der Frage der Umbruchwiese als der Wechselnutzung zu tun, und zwar auf stark humosen Sandböden. Mir scheint aber, daß eine Wechselnutzung hier angebrachter wäre und das Kleegras bessere Ertrgäe liefern würde, wenn man es, wie es sogar in feuchteren Lagen üblich ist, mit Stallmist abdüngte.

Weitgehend geklärt ist die Wahl der richtigen Kleegrasgemenge. Man muß bei optimalem Grundwasserstande unter den Kleearten den Bastardklee und den Weißklee bevorzugen und unter den Gräsern den absolut frostbeständigen Timothee und den feuchtigkeitsliebenden Wiesenschwingel. Auch das Knaulgras bringt es hier zu üppigem Wuchs, wie wir es von den Rieselwiesen her wissen, wo Stickstoff und Wasser ebenfalls reichlich zur Verfügung stehen. Aber es unterdrückt die anderen Gräser leicht, und eine größere Beimengung kann nur dort empfohlen werden, wo es für Timothee und Wiesenschwingel schon zu trocken ist. Bei optimalen Grundwasserverhältnissen darf man das Welsche Weidelgras nicht beimengen, da es in diesen niedrigen frostgefährdeten Niederungsmoorlagen bald erfriert und große Lücken hinterläßt; sogar bei der Beimengung von Deutschem Weidelgras, auf die man bei Weidenutzung des mehrjährigen Kleegrases nicht verzichten kann, muß man vorsichtig sein. Bei niedrigem Grundwasserstande muß man bei den Kleearten mehr auf Luzerne und Hornschotenklee zurückgreifen und unter den Gräsern auf trockenheitswiderstandsfähige wie Wehrlose Trespe, Glatthafer und Knaulgras. Zur Beweidung eignen sich aber Wehrlose Trespe und Glatthafer nicht. Die Wehrlose Trespe verträgt das Beweiden nicht, und der Glatthafer wird im grünen Zustande nur ungern oder überhaupt nicht gefressen. Deutsches Weidelgras und sogar Welsches Weidelgras sind in den höheren trockeneren Lagen dagegen recht wertvolle Partner.

Nicht restlos geklärt ist die Frage, in welchem Turnus Kleegras und Ackerfrüchte am besten miteinander abwechseln. Drei Kleegrasjahre und drei Ackerjahre, der Wiljamsschen Futterfruchtfolge entsprechend, werden im allgemeinen das Richtige sein. Die Ackerjahre wird man auf Kosten der Kleegrasjahre ausdehnen können, wo der Moorboden schlickhaltig ist und damit die Gefahr der Vermullung nicht besteht. Fruchtfolgen mit zwei Kleegrasjahren und vier Ackerjahren haben sich auf solchenBöden bereits eingebürgert. Die Kleegrasjahre werden dagegen auf Kosten der Ackerjahre in den Vordergrund zu treten haben, wo der Moorboden zur Vermullung neigt. Vier Kleegrasjahre und zwei Ackerjahre dürften in solchen Fällen anzustreben sein. Oft wird einem noch längeren Kleegrasbau das Wort geredet. Aber Beweise, daß das Kleegras in den letzten Jahren dann noch annehmbare Erträge liefert, liegen bisher nicht vor. Schon bei dreijährigem Anbau auf etwas zu tief entwässerten Böden und bei vierjährigem Anbau auf Niederungsmoorböden mit optimalen Grundwasserständen hält man die Erträge im letzten Jahr nur durch eine Stallmistdüngung aufrecht. Das endgültige Urteil über die Möglichkeit des langjährigen Kleegrasbaus auf Niederungsmoor wird man erst fällen können, wenn die Frage nach den Hungerjahren, die im vierten Jahre einsetzen sollen, geklärt ist, was bisher keineswegs geschehen ist.

Klarheit herrscht dagegen über die Frage der Nachfrüchte, die dem mehrjährigen Kleegras folgen müssen. Es sind das diejenigen, die die Moorversuchsstationen in intensiver Arbeit während mehrerer Generationen herausgefunden haben: also Kartoffeln, Futterrüben, Hanf, Kohl, Peluschken-Bohnen-Wickfutter-Gemenge, Senf, Winter- und Sommerroggen und evtl. Hafer. Bevorzugen wird man unter diesen anbauwürdigen Früchten ebenso wie in der Wiljamsschen Futterfruchtfolge möglichst diejenigen, die die großen Humus- und Stickstoffmengen, die das mehrjährige Kleegras hinterläßt, besonders gut ausnutzen, also die Hackfrüchte. Bei Einschaltung nach mehrjährigem Kleegras besteht nunmehr weder die Gefahr der rettungslosen Verunkrautung noch der Vermullung.

Bisher war nur von der Wechselnutzung auf den eigentlichen Niederungsmoorböden die Rede. Von nicht minder großer Bedeutung ist die Wechselnutzung auf den anmoorigen Böden. H. Kannenberg sagte schon mit Recht, daß dieser Boden ohne mehrjähriges Kleegras kaum dem Garezustand nahegebracht werden kann. Auf diesen Böden, auf denen die Vermullungsgefahr nicht besteht, kann ebenso wie auf dem schlickhaltigen Niederungsmoor der Kleegrasbau auf zwei Jahre beschränkt und der Ackerbau auf vier Jahre und noch länger ausgedehnt werden. Außer den auf dem Niederungsmoor geeigneten Ackerkulturen ist in den Ackerjahren nicht nur ein stärkerer Getreidebau möglich; sehr beliebt ist auch die Einschaltung von Flachs. Er erfordert nach Kleegras oder nach einer Hackfrucht, die auf Kleegras folgt, nur wenig Pflege, da der Boden dann kaum verunkrautet.

Bei der Wechselnutzung auf Niederungsmoor ist ebenso wie auf den Grundwassersandböden die Auswirkung auf das gesamte Ackerland zu berücksichtigen. Da die verschiedensten Ackerkulturen jetzt z. T. dort angebaut werden, wo früher Grünland war, wird der Acker entlastet, und bei kleewüchsigem Boden kann auf dem Ackerlande statt der jetzt auf den Wechselnutzungsflächen angebauten Ackerfrüchte der einjährige Kleegrasbau eingeführt werden zum Segen der gesamten Fruchtfolge. Auch stellt das auf dem Mineralboden gewonnene Kleegras eine günstige Ergänzung zu dem doch etwas minderwertigen Niederungsmoorfutter, das beispielsweise den Fettgehalt der Milch um 0,5% herabsetzt, dar.

Außer den bis jetzt behandelten vier Möglichkeiten eines modernen mehrjährigen Kleegrasbaus, hat A. Macht[1]) noch auf eine weitere aufmerksam gemacht. Auch er geht davon aus, daß der früher auf Kleeböden in Stallfütterungsgebieten übliche mehrjährige Kleegrasbau nicht mehr in die heutige Zeit paßt, da der Ertrag im zweiten Hauptnutzungsjahr zu sehr nachläßt. Man ist deshalb in nicht luzernefähigen Gegenden vielfach gezwungen, zur Gewinnung des Heus und des Sommerstallfutters zum zweimaligen Anbau von Rotklee oder Rotkleegras in der 8–10feldrigen Fruchtfolge in einem Umfange von 20% und mehr überzugehen. Durch diesen zweimaligen Anbau wird jedoch die Gefahr der Rotkleemüdigkeit heraufbeschworen, die die Lebensfähigkeit der Betriebe bedroht. Mit einer neuen Aussaatmethode läßt sich aber erreichen, daß der zweijährige Kleegrasbau doch wieder tragbar wird, nämlich durch die Aussaat des Rotkleegrasgemenges nicht unter eine reifende Überfrucht, bei der im Ansaatjahr nur eine Rotkleegraszwischennutzung anfällt, sondern unter ein Sommergetreide-Wickfutter-Gemenge. Dieses Überfruchtfuttergemenge liefert einen ergiebigen Futterschnitt und das untergesäte Kleegras außerdem, weil es so früh freigestellt wird, mindestens noch einen vollen Schnitt Ende Juli und eine reichliche Nachweide oder bei passender Witterung sogar noch einen zweiten Schnitt im September. Jedenfalls bringen Wickfuttergemenge und Rotkleegras zusammengenommen im Ansaatjahr mindestens ebenso hohe Futtermengen, wie das Rotkleegras sonst im folgenden Hauptnutzungsjahr brachte. Anschließend kann dann wie früher das eigentliche Rotkleegrashauptnutzungsjahr folgen.

Mit Recht sagt Macht: „Während demnach in früheren Zeiten das zweite und dritte Lebensjahr der Futternutzung dienten, liegt bei dieser neuen Methode die Futternutzung schon im ersten und zweiten Jahr, in denen der Rotklee noch seine volle Lebenskraft besitzt und nicht schon Zeichen des Abbaus aufweist, wie es im dritten Lebensjahr der Fall ist.“ Bei dieser neuen Methode ist auch keine Rotkleemüdigkeit mehr zu befürchten, da er nur alle 7—9 Jahre in der Fruchtfolge wieder auf denselben Schlag kommt. Man wird Macht zustimmen müssen, daß auch die Bodenfruchtbarkeit bei dieser neuen Methode mehr gehoben wird als bei dem zweimaligen Anbau von Rotkleegras, da jetzt die Möglichkeit besteht, daß in der Fruchtfolge mindestens einmal zusätzlich Kleegras ohne Rotklee, also ein Gelbklee-Weißklee-Schwedenklee-Gemenge mit Welschem Weidelgras angebaut werden kann, ohne befürchten zu müssen, daß man die Gefahr der Kleemüdigkeit heraufbeschwört. Gewiß ist diese neue Methode praktisch noch nicht genügend erprobt. A. Macht schließt auf diese neue Möglichkeit aus Erfahrungen, die früher immer wieder gemacht worden sind, wenn der Klee auswinterte und dann bei der Suche nach Ersatzfutterpflanzen dieser neue Weg schon lange in gewissen Gegenden beschritten worden ist. Mit Recht sind schon viele

[1]) A. Macht, Zwei Jahre Rotkleenutzung — eine Möglichkeit zur Verminderung der Kleemüdigkeit. Die Deutsche Landwirtschaft 1954. September-Heft, S. 480.

fortschrittliche Bauern dazu übergegangen, diese neue Methode zu prüfen, um einer späteren allgemeineren Einführung die Wege zu ebnen. Mein Mitarbeiter M. WETZEL hat den Vorschlag gebracht, noch weiter zu gehen als A. MACHT. M. WETZEL will den Rotklee in die Winterzwischenfrüchte untersäen und glaubt dadurch noch höhere Erträge an Rotklee im Ansaatjahr zu erzielen, weil dieser dann noch einige Wochen früher freigestellt wird. Entsprechende Versuche zur Überprüfung dieser Weiterung sind bereits eingeleitet.

Der Vollständigkeit halber erwähnt zu werden verdient noch, daß der zünftige mehrjährige Grassamenbau in seiner Wirkung auf die Hebung der Bodenfruchtbarkeit nach einer kleinen Abänderung dem mehrjährigen Kleegrasbau gleichkommt. Es ist schon lange bekannt, daß beim zünftigen mehrjährigen Grassamenbau große Wurzelmengen anfallen, aber man hielt das Samengras trotzdem früher meist für eine schlechte Vorfrucht. Diese Beobachtung konnte auch in der Tat gemacht werden, wenn man nur die Erträge der ersten Folgefrucht in Betracht zog. Die enormen Wurzelmengen von 100 dz/ha organischer Masse und mehr, die beim mehrjährigen Grassamenbau noch dazu zu 90% in der Ackerkrume anfallen, führen zu einer starken biologischen Zersetzung und bei der Stickstoffarmut der Graswurzeln zu einer vorübergehenden Festlegung von Bodenstickstoff durch die zellulosezersetzenden Mikroorganismen[1]). Die Folgefrucht gibt dann tatsächlich schlechtere Erträge, wenn man den momentanen Stickstoffmangel nicht behebt. Stickstoff ist aber auch notwendig, um die Stabilisierung der durch die Graswurzeln bewirkten Krümelung des Bodens einzuleiten. Vor hundert und mehr Jahren schon wußten Kenner diesen Mangel zu beheben. C. VON WULFFEN gab auf die Stoppel des mehrjährigen Schafschwingels vor dem Umbruch eine Stallmistdüngung und erzielte so große Ertragssteigerungen nicht erst bei den späteren Folgefrüchten, sondern schon bei der unmittelbar folgenden Frucht. Heute ist von U. LEHMANN[2]) ein noch besseres Mittel vorgeschlagen worden, das gleichzeitig die Futterversorgung des Betriebes sichern hilft. Er schlägt vor, die umgebrochene Grassamenstoppel mit einem Zwischenfruchtleguminosengemenge zu bebauen. Da die Gräser mit wenigen Ausnahmen (Timothee, Straußgras und Wehrlose Trespe) einige bis mehrere Wochen vor dem Getreide reifen, kommt das Leguminosenstoppelfuttergemenge sehr früh in den Boden und ist damit sehr ergiebig, und da der Stickstoffverbrauch der zellulosezersetzenden Bakterien infolge der stickstoffsammelnden Stoppelfrucht nun nicht mehr zu einem vorübergehenden Mangel an pflanzenaufnehmbarem Stickstoff bei der folgenden Hauptfrucht führt, hat bereits diese höhere Erträge. Schon lange wird der von U. LEHMANN vorgeschlagene Leguminosenstoppelfutteranbau nach Grassamen in der „Griesen Gegend" in Südwestmecklenburg durchgeführt. Nach der letzten Schafschwingelsamenernte erfolgt die Einsaat eines Lupinen-Serradella-Stoppelfrucht-Gemenges, das nicht nur große Futtererträge liefert, sondern gleichzeitig hohe Kartoffelernten im Folgejahr sicherstellt. Man kann oft die Äußerung hören, daß dieses System doch nicht als Kleegrassystem bezeichnet werden könne. Wer aber WILJAMS genau studiert hat, der weiß, daß diese Form sogar die ursprüngliche ist, aus der das Kleegrassystem erst entwickelt worden ist. WILJAMS ist auf den Kleegrasbau als bestes Mittel zur Hebung der Bodenfruchtbarkeit durch die Beobachtungen seines Landmannes KOSTYTCHEW und des Schweizers RISLER gekommen. Diese beiden Forscher verfolgten Ende des 19. Jahrhunderts die Wiederherstellung der Bodenfruchtbarkeit ausgebauter Äcker bei Selbstberasung. Sie fanden, daß nach einigen Unkrautjahren auf dem ausgebauten Acker sich mehr und mehr Gräser einstellen, deren Wurzeln den Boden in Krümel zerteilen und zum Schluß die Leguminosen kommen, die die Stabilisierung der Krümel einleiten. WILJAMS hat dann diese beiden Folgeprozesse zu einem einzigen Prozeß, dem gemeinsamen Anbau von Klee und Gras, zusammengefaßt.

[1]) H. HENNIG und M. WETZEL, Verbesserung des Kleegrasbaus durch Herbstsaat der Gräser. Die Deutsche Landwirtschaft, Juli-Heft 1955.

[2]) U. LEHMANN, Grassamenbau und Fruchtfolge. D.L.P. 1942, Nr. 51/52.

Neuerdings wird bei uns angestrebt, den Grassamen nicht im Reinanbau, sondern in Form des mehrjährigen Kleegrasbaus im zweiten Folgejahr zu gewinnen, ähnlich wie es beim Timotheegrassamenbau im Erzgebirge schon immer üblich war. Ob aber bei dieser Methode die Bodenfruchtbarkeit mehr gehoben wird als beim reinen Grassamenbau mit Nachbau eines Hülsenfruchtgemenges als Stoppelzwischenfrucht, steht dahin.

Eine weitere Form des mehrjährigen Kleegrasbaus, und zwar der typischen Wiljamsschen Ackerfruchtfolge, sehen viele im Luzernebau, weil dieser fast immer mindestens dreijährig durchgeführt wird. Aber diese naheliegende Ansicht ist doch ein schwerer Irrtum. Luzerne wird in erster Linie in Trockengebieten gebaut, die nicht sehr futterwüchsig sind; die Luzerne soll vor allen Dingen mit ihren ausgezeichneten diätetischen Eigenschaften die volle Verwertung des in solchen Trockengegenden mit guten Böden in großer Menge anfallenden Zuckerrübenblatts sicherstellen. Zu einer stärkeren Viehhaltung kommt es dort meistens nicht, wenn sie auch gegenüber früher, wo das Rübenblatt meist durch Mastvieh genutzt wurde, wesentlich ausgedehnt zu werden verdient. Aber man wird diesen Betrieben nie mehr als 12% der Ackerfläche an Luzerne zubilligen[1]). Diese müssen genügen, um zusammen mit dem Zuckerrübenblatt von etwa 16% der landwirtschaftlichen Nutzfläche und einem gewissen Winterzwischenfruchtbau mit anschließendem Maisbau und einer gewissen Kleegrasuntersaat zur Herbstweide die notwendige Viehhaltung zu sichern. Ein stärkerer Luzernebau läßt sich nur gutheißen in ausgesprochenen Luzernesamenbaugebieten wie beispielsweise in Franken. Sonst würde die Luzerne andere Früchte, die mehr bringen, zu sehr vom Acker verdrängen. Wenn aber nur 12% Luzerne angebaut werden und der Anbau dreijährig durchgeführt wird, so kommt der dreijährige Luzerneschlag nur alle 22 Jahre wieder auf denselben Schlag, was nicht ausreichen dürfte, die Bodenfruchtbarkeit zu erhalten und keineswegs der Wiljamsschen Ackerfruchtfolge und noch weniger der Futterfruchtfolge entspricht. So schlägt KÖNNICKE zur vermeintlichen Verwirklichung des mehrjährigen Kleegrassystems vor, bei einem Flächenanteil eines dreijährigen Kleegrasanbaus von 12,45% der Ackerflächen zwei Fruchtfolgen nebeneinander laufen zu lassen: auf 1/3 der Ackerfläche die Kleegrasfolge und auf 2/3 der Ackerfläche eine Ackerfruchtfolge ohne Kleegras. Die Kleegrasfolge soll nach einem Turnus in die Ackerfruchtfolge einbezogen werden und dann auf der einen Hälfte der bisherigen Ackerfruchtfolge weiterlaufen usf. KÖNNICKE kommt zu folgender Aufstellung, die mit dem Anbauplan übereinstimmt[2]).

Verbindung einer Kleegrasfolge auf 1/3 und einer Ackerfruchtfolge auf 2/3 der Ackerfläche

Kleegrasfruchtfolge 1/3 der Ackerfläche	%	Ackerfruchtfolge 2/3 der Ackerfläche	%
1. Kleegras zum Mähen oder Luzernegras	4,15	1. Kartoffeln	8,3
		2. Winterweizen	8,3
2. Kleegras oder Luzernegras, 1/2 Heu, 1/2 Weide	4,15	3. Hafer	8,3
		4. Zuckerrüben	8,3
3. Kleegras oder Luzernegras als Weide	4,15	5. Erbsen	8,3
4. Kartoffeln	4,15	6. Raps, Gemüse	8,3
5. Winterweizen	4,15	7. Winterweizen	8,3
6. Winterroggen	4,15	8. Wintergerste	8,3
7. Zuckerrüben	4,15	Abwechselnd Einsaat für die Kleegrasfruchtfolge oder Beibehaltung der Ackerfruchtfolge	
8. Sommergerste	4,15		
Anschließend Ackerfruchtfolge			
	Sa: 33,2		Sa.: 66,4

[1]) J. SOMMER, Die Organisation der Futterwirtschaft im Mitteldeutschen Trockengebiet. Noch nicht veröffentlichte Arbeit aus meinem Institut.

[2]) KÖNNICKE, Das „Trawopolnajasystem“ und seine Anwendungsmöglichkeit für deutsche Verhältnisse. Die Deutsche Landwirtschaft, 1951, Sept.-Heft, S. 455.

Bei diesem System käme, wie oben schon angedeutet, das mehrjährige Kleegras alle 22 Jahre wieder auf denselben Schlag. Bei einer so seltenen Wiederkehr reicht auch ein dreijähriger Futterschlag nicht aus, die Bodenfruchtbarkeit zu garantieren. Man muß schon zusätzlich mit Untersaaten arbeiten. Gelbkleegrasgemenge haben sich in den Trockengegenden mit gutem Boden sehr bewährt. Es handelt sich also bei dem dreijährigen Luzernegrasbau keineswegs um eine typische Wiljamssche Kleegrasackerfruchtfolge. Auf dem einen Drittel des Ackers, wo sie rotiert, wird sie wohl ausreichen, die Aufrechterhaltung und Mehrung der Bodenfruchtbarkeit zu gewährleisten, nicht aber auf der Gesamtfläche. Wesentlich günstiger würde der zweijährige Luzernebau wirken, er würde alle 15 Jahre wiederkehren. Aber ob man sich zu dem zweijährigen Anbau entschließen kann, da doch die Luzerne erst im dritten Anbaujahr die größten Erträge liefert und auch nur langsam zum Zuge kommt, bleibt abzuwarten. Jedenfalls wären dann noch zusätzlich Untersaaten zur Aufrechterhaltung der Bodenfruchtbarkeit notwendig. Auch von anderer Seite sind solche Koppelungen von Luzernefruchtfolgen mit reinen Ackerfruchtfolgen vorgeschlagen, um angeblich den Forderungen des Trawopolnajasystems gerecht zu werden. Aber man täusche sich nicht darüber hinweg, daß es eben ein mehrjähriger Kleegrasbau auf einem Drittel der Gesamtfläche ist und diese neue Methode nur zu einer unnötigen Aufteilung des Ackers in Teilschläge führt, die nichts voraus hat vor der heute geübten Methode des Luzerneanbaus auf Springschlägen, sondern dagegen zurücksteht. Bei der üblichen Methode kommt die Luzerne bei demselben Umfang des Gesamtanbaus auch alle 22 Jahre wieder auf denselben Schlag. Bodenfruchtbarkeitsmäßig ergeben sich also bei der vorgeschlagenen neuen viel komplizierteren Methode keinerlei Unterschiede. Neuerdings hat KÖNNICKE[1]) seinen Vorschlag auch mit Recht fallen lassen.

Wenn also auch bei näherer Untersuchung doch recht viele Möglichkeiten des mehrjährigen Kleegrasbaus sichtbar werden und die nur auf Teilflächen des Betriebes mögliche Wechselnutzung oft den ganzen Betrieb beeinflußt, so reichen doch alle diese verschiedenen Formen des Kleegrasbaus nicht im entferntesten aus, die Futterversorgung zu sichern und die Bodenfruchtbarkeit zu wahren und zu heben. Sehr viel weiterbringen könnte uns die Kleegraszüchtung. Uns fehlt ein Weißklee, der auch in den kontinentaleren Gegenden und auf Sandböden wirklich wächst und gute Erträge liefert, es fehlt uns auch ein Gras, das unter diesen Bedingungen wirklich etwas leistet. Wahrscheinlich wird die Herauszüchtung entsprechender Knaulgrassorten einmal Wandel schaffen. Besonders vordringlich erscheint auch die züchterische Bearbeitung des Steinklees, der nicht, wie oft gesagt wird, zur Luzerne, wohl aber zum Rotklee der groben Regensandböden werden könnte. Er liefert nämlich wie der Rotklee schon im Aussaatjahr nach der Getreideernte einen Schnitt oder doch eine ergiebige Weide und im nächsten Jahr zwei Schnitte. Er wächst auf groben Sandböden bei p_H-Zahlen von 5,5; an dem Kalkmangel scheitert sein Anbau also nicht, sondern mehr an seinem Kumaringehalt, der allerdings beim Heuen etwas zurückgeht, und noch mehr an seinem sonstigen Wildpflanzencharakter. Er kommt nur, wenn er will und nicht wenn er soll. Vielleicht hat die neue weichschalige Sorte, die Berger gezüchtet hat, diesen Kardinalfehler nicht mehr. Ein ausgesprochener Klee der grundwasserfernen kiesigen Sandböden ist der Wundklee. Er liefert aber selbst im Hauptnutzungsjahr nur einen Schnitt und im Ansaatjahr nach der Getreideernte nicht einmal eine Weide. Er bleibt im Rosettenstadium und deckt den Boden nicht einmal. Nach Beobachtungen von W. SIMON, Müncheberg, soll der Wundklee aber im Gemengbau mit Steinklee von diesem schon im Ansaatjahr mit emporgezogen werden. Die züchterische Vernachlässigung des Wundklees ist also vielleicht doch nicht mehr gutzuheißen.

---

[1]) KÖNNICKE, Die planmäßige Fruchtfolge — eine entscheidende Voraussetzung zur Steigerung der landwirtschaftlichen Erträge. Zentraler Erfahrungsaustausch der VdgB, 1954, Teil I (Fruchtfolgen).

Aber bis zur Herauszüchtung dieser oder jener Klee- und Grassorte, die sich besonders für den Kleegrasbau auf den vielen Böden, die heute nicht kleegrasfähig sind, eignet, hat es noch Zeit, und auch damit wäre noch lange nicht alles erreicht. Wir müssen also nach weiteren Möglichkeiten des Kleegrasbaus suchen.

Unter diesen Möglichkeiten steht die Umgestaltung des einjährigen Rotkleegrasbaus, der eine große Verbreitung hat, an erster Stelle; wichtig ist weiter die stärkere Einführung des Kleegraszwischenfutterbaus.

Die Wurzelmassen, die beim einjährigen Kleegrasbau anfallen, übertreffen die Wurzelrückstände aller anderen einjährigen Futterpflanzen und noch mehr die der sonstigen Kulturpflanzen. Auch die Bodenruhezeit, d. h. die Zeit, während der der Boden nicht bewegt wird, die sicherlich bei der Stabilisierung der Bodenkrümel eine große Rolle spielt, beträgt beim einjährigen Kleegrasbau eineinhalb Jahr. Sowohl Bodenruhezeit und Wurzelmasse nehmen noch zu, wenn man zu einer modernen Form des einjährigen Rotkleegrasbaus übergeht, nämlich die Gräser schon im Herbst mit dem Wintergetreide einsät und dem einjährigen Rotkleegras Kartoffeln oder Pflanzrüben folgen läßt.

Aus der SU wurde schon seit längerem über die großen Vorteile der Herbstaussaat der Gräser berichtet. Vor einem Jahrhundert war sie bei uns schon bekannt, geriet aber in Vergessenheit. Nur beim Schafschwingelsamenanbau unter Roggen ist sie bis heute noch üblich. Der Schafschwingel wird zusammen mit dem Roggen im Herbst eingesät. Vom Grassamenanbau her war ferner bekannt, daß man den Rotschwingel am besten im Herbst gleich nach dem Roggen quer dazu ausdrillt. Mein Mitarbeiter H. HENNING[1]), der den in der „Griesen Gegend" schon fast ein Jahrhundert üblichen Schafschwingelsamenanbau monographisch untersuchte, fand, daß der schon im Herbst mit dem Winterroggen angesäte Schafschwingel gegenüber dem erst im Frühjahr untergesäten Schafschwingel oberirdisch und noch mehr in der Wurzelentwicklung einen Wachstumsvorsprung von einem Jahre hat. Der herbstgesäte Schafschwingel steht in der Entwicklung bei der Roggenernte dort, wo der frühjahrsgesäte erst im Herbst des Ansaatjahres steht, und zu dieser Zeit hat der herbstgesäte Schafschwingel bereits eine Entwicklung, die der frühjahrsgesäte erst im nächsten Herbst erreicht. Diese Untersuchungen wurden anschließend auch auf die vier anspruchsvolleren Gräser, die für die Herbstansaat im Rotkleegrasbau in erster Linie in Frage kommen, ausgedehnt: auf Timothee, Wiesenschwingel, Knaulgras und Deutsches Weidelgras. Auch hier zeigten sich erhebliche Vorsprünge in der Wurzelentwicklung bei herbstgesäten Gräsern. Neuerdings setzt sich die Herbsteinsaat der Gräser beim einjährigen Rotkleegrasanbau auch in Westdeutschland auf Grund der Arbeiten von W. RENIUS[2,3,4]) durch, so daß wir heute schon ein geschlossenes Bild über die Möglichkeiten der Herbstansaat der Gräser beim einjährigen Rotkleegrasbau haben.

Die Herbsteinsaat der Gräser beim einjährigen Rotkleegrasbau ist natürlich nur möglich, wenn die Einsaat in ein Wintergetreide erfolgt, in erster Linie in Winterroggen, dann auch noch in Wintergerste; der Winterweizen scheidet im allgemeinen aus, da er im Frühjahr einer kräftigen Bodenbearbeitung zur Saatenpflege bedarf, wobei die im Herbst angesäten Gräser zerstört werden.

Am besten zur Herbsteinsaat geeignet ist zweifellos das Wiesenlieschgras *(der Timothee)*. Es ist nicht spätsaatempfindlich, wintert selbst bei Novembersaat nicht aus und paßt sehr

---

[1]) H. HENNING, Der Schafschwingelsamenanbau in der Griesen Gegend Mecklenburgs unter besonderer Berücksichtigung der unterschiedlichen Wurzelentwicklung der Herbst- und Frühjahrsaussaat. Wiss. Zeitschr. d. Univ. Rostock, 2. Jg., Heft 4 der Reihe Mathematik/Naturwissenschaften, Rostock 1954.

[2]) W. RENIUS, Mehr Sicherheit und Ertrag durch Herbstgrassaat im Rotkleeanbau. Mitt. d. DLG, 1952, Nr. 39.

[3]) W. RENIUS, Kleegras-Feldfutterbau und Kleegrasgründüngung. Mitt. d. DLG, 1954, Heft 40.

[4]) W. RENIUS, Herbsteinsaat der Gräser beim Kleegrasbau, Vortrag, gehalten auf der Februartagung 1955 der Landwirtschaftlichen Fakultät der Universität Rostock.

gut im Entwicklungsrhythmus mit dem Rotklee zusammen. Wenn der erste Schnitt im Hauptnutzungsjahr vom Rotklee genommen wird, ist er kräftig entwickelt, hat geschoßt, aber kaum Ähren geschoben, so daß er ein zartes, leichtverdauliches Futter liefert. Auch bei witterungsbedingtem späteren ersten Heuschnitt ist er im Gegensatz zu den hohen Weidelgräsern, die man bisher meist im Frühjahr mit dem Rotklee zusammen aussäte, nicht überständig und verholzt. Da Wiesenlieschgras allerdings keinen großen Nachwuchs liefert, baut man es doch nicht gerne allein mit Rotklee an, sondern im Gemenge mit Wiesenschwingel, der den zweiten Rotkleeschnitt fülliger macht. Auch unterirdisch ergänzen sich Timothee und Wiesenschwingel. Während der Timothee sein Wurzelwerk mehr in der Ackerkrume entwickelt, geht der Wiesenschwingel mehr in die Tiefe, wenn auch nicht so sehr wie der Rotklee. Zu beachten ist beim Wiesenlieschgras, daß er wegen seiner Kleinsamigkeit zusammen mit dem Winterroggen im gleichen Arbeitsgang nur ausgedrillt werden darf, wenn der Roggen ordnungsgemäß bestellt wird, also in abgelagerten Boden, sonst muß man das Wiesenlieschgras in einem zweiten Arbeitsgang breitwürfig nachsäen und eineggen oder noch besser einringeln. Um ein Überwachsen bei sehr früher Aussaat zusammen mit Wintergerste Mitte September zu vermeiden, kann man es auch später im Herbst zu dem Zeitpunkt, den man für richtig hält, nachsäen. Bei alleiniger Ansaat mit Rotklee nimmt man 10 kg/ha Timothee im Herbst und 10 kg/ha Rotklee im Frühjahr, bei Ansaat zusammen mit dem Wiesenschwingel 4 kg/ha Timothee und 6 kg/ha Wiesenschwingel im Herbst und 10 kg/ha Rotklee im Frühjahr. Der Wiesenschwingel ist spätsaatempfindlicher als Timothee. Bei späterer Aussaat als Anfang Oktober zeigt er doch Auswinterungsschäden in harten Wintern. Auf leichten besseren Sandböden sät man im Herbst etwa 10 kg/ha Knaulgras ein. Knaulgras ist noch spätsaatempfindlicher als Wiesenschwingel. Ende September hat sich als noch mögliche Saatzeit erwiesen.

Gegenüber der bisher üblichen Frühjahrssaat der hohen Weidelgräser zusammen mit dem Rotklee hat diese neue Methode der Herbstsaat von Timothee, Wiesenschwingel und Knaulgras zwei große Vorzüge. Jetzt erst wird futterwirtschaftlich der Rotkleegrasbau dem reinen Rotkleebau wirklich überlegen, und Wurzellieferung und Gareleistung des Rotkleegrases werden beträchtlich erhöht, noch dazu, wenn man Kartoffeln oder Pflanzrüben folgen läßt.

Der bisherige Rotkleegrasbau hatte gegenüber dem reinen Rotkleebau eigentlich nur den Vorzug, daß das Kleegrasgemenge im Herbst des Ansaatjahres und auch sonst wegen der Grasbeimischung besser beweidbar ist. Aber wirklich sicher war der Rotkleegrasbau in dieser Form noch nicht. Die hohen Weidelgräser überwuchsen den Rotklee leicht in feuchten Jahren, ohne sicheren Ersatz zu bieten; folgte ein strenger Winter, so winterten sie ebenso aus wie die Reste des Rotklees. Sie sicherten auch den Rotkleebau nicht, wenn die Rotkleeeinsaat bei trockenem Frühjahrswetter versagte, was selbst dann vorkommt, wenn der Rotklee so früh wie möglich im Frühjahr eingesät wird. Man durfte die hohen Weidelgräser wegen der Überwucherungsgefahr nicht so stark einsäen, daß sie dann evtl. einen Ersatz für den Rotklee boten, außerdem leiden sie meist ebenso wie die Kleearten unter der Frühjahrstrockenheit, schließlich bestand immer die Gefahr, daß ein strenger Winter folgte und sie ebenso wie die Reste des Rotklees weitgehend auswintern. Es mußten dann Ersatzfutterflächen für den versagenden Rotkleegrasschlag geschaffen werden. Bei jeder Abhandlung über den einjährigen Rotkleebau nehmen dementsprechend mit Recht die Ausführungen über den Ersatzfutterbau einen großen Umfang ein. Diese Ersatzfutterflächenbeschaffung ist aber nicht nur teuer, sie stört auch die Fruchtfolge, also den Aufbau des ganzen Betriebes und speziell der Bodenfruchtbarkeit. Diese Grasbeimischung führt nicht zum dichten Bestand und zur Verhinderung der Verunkrautung, die bei lückigen Beständen unvermeidbar ist; die Gräser können so also auch ihre Aufgabe bei dem Aufbau der Bodenstruktur nicht erfüllen.

Die neue Form des einjährigen Kleegrasbaus mit Herbstaussaat von Timothee, Wiesenschwingel oder Knaulgras sichert ihn erst wirklich. Würde man die nicht so schnellwüchsigen Gräser im Frühjahr beigeben, so wären sie beim Versagen des Rotklees in trockenen Jahren nicht kräftig genug, um den Rotklee zu ersetzen; in den Jahren, wo der Rotklee auswintert, würden die verbleibenden Grasbestände kaum ausreichen, vor allem, wenn sie in einem feuchten Ansaatjahr vom Rotklee unterdrückt waren. Erst bei der Herbstsaat setzen diese nicht so schnellwüchsigen Gräser sich gegenüber dem Rotklee durch, ohne ihn zu unterdrücken. Man kann im Herbst sogar größere Grasbeimischungen wählen als bei der Frühjahrsaussaat der hohen Weidelgräser. Versagt nun der Rotklee bei der Ansaat in einem trockenen Frühjahr, so sind die Gräser da, weil kaum anzunehmen ist, daß auch der Herbst ungünstig war. Nach einer kräftigen Stickstoffdüngung liefern sie im Herbst des Ansaatjahres eine ebenso ergiebige Weide wie sonst der Stoppelrotklee, und im Hauptnutzungsjahr bei einer Stickstoffdüngung von 2 dz/ha Stickstoffdünger zu jedem Schnitt ebenso hohe Futter- und fast ebenso hohe Eiweißerträge wie sonst der einjährige Rotklee. Wintert aber der Stoppelrotklee aus, so sind die im Herbst eingesäten langsamwüchsigen Gräser schon kräftig genug, in dem Hauptnutzungsjahr bei entsprechender Stickstoffdüngung den Rotklee zu ersetzen. Der einjährige Rotkleegrasbau ist damit dem einjährigen reinen Rotkleebau überhaupt erst ertragsmäßig überlegen. Nur in Gegenden mit milden Wintern und ohne Frühjahrstrockenheit wird man vielleicht bei der Beimischung der hohen Weidelgräser zu dem Rotklee bleiben; es besteht dann aber immer noch die Gefahr des zu frühen Verholzens dieser hohen Weidelgräser bei verspätetem Kleeschnitt. Zu beseitigen ist dieser Nachteil nur durch ein Vorweiden bis spätestens Anfang Mai mit Schafen. Die Schafe fressen während dieser Zeit hauptsächlich die schon stark entwickelten hohen Weidelgräser[1]).

Die neue Form des einjährigen Kleegrasbaus mit Herbsteinsaat der langsamwüchsigen Gräser hat aber den weiteren nicht zu unterschätzenden Vorzug, daß sie in der Wirkung auf Gare und Humusbildung dem mehrjährigen Kleegrasbau nahekommt. Bei Herbsteinsaat der Gräser kommt es immer zu einem unkrautfreien dichten Bestande, es fallen fast ebenso hohe Wurzelmengen wie beim mehrjährigen Kleegrasbau an, der Boden ruht fast zwei Jahre unter einer schützenden Pflanzendecke, und wenn man Pflanzrüben oder Kartoffeln nachbaut, sogar zweieinhalb Jahre, so daß auch die Bildung von stabilem Humus und die Stabilisierung der Bodenkrümel gewährleistet ist.

Der einjährige Kleegrasbau in der neuen Form ist so wirksam, daß wir ihn fast zu den bei uns möglichen Formen des mehrjährigen Kleegrasbaus rechnen können.

Erstaunlich wirksam ist sogar der kurzlebige Kleegrasbau zum Zwecke der Zwischenfutternutzung. Auch hat dieser wegen seines Formenreichtums sehr große Ausdehnungsmöglichkeiten. Nach H. Vetter[2]), der die Ernterückstände in der Krume eingehend untersucht hat, bringt eine Halmfrucht mit nachfolgendem Stoppelklee bis 50 dz/ha organische Masse in den Boden, also dreimal soviel wie die durchschnittliche jährliche Stallmistzufuhr. Allerdings sind außer den Wurzelrückständen auch die Stoppelrückstände dabei mit angerechnet worden. Aber selbst wenn man diese nicht in Ansatz bringt, fällt auch nach unseren Untersuchungen noch 25 dz/ha organische Masse an. Wo Rotkleegras als Hauptfutter nicht schon in der Fruchtfolge angebaut wird, läßt man sich auf rotkleefähigem Acker den ertragreichen Rotkleegraszwischenfutteranbau nicht entgehen, sonst greift man auf Weißklee-, Bastardklee- und Gelbkleegrasgemenge zurück. Gelbklee und Weißklee sind zwar nicht so wüchsig wie der Rotklee, aber sie blähen nicht auf und vereinen sogar die guten Eigenschaften der Klee- und Graswurzeln in sich. Wie alle Kleearten haben sie tiefe Wurzeln, die weit in den unbearbeiteten Untergrund hineinwachsen, sie haben aber außerdem viele feine Wurzeln in der Krume, die fast mit den Graswurzeln konkurrieren können[3]). Man kann sich deshalb vorstellen, daß auch ein reines Kleegemenge aus Rotklee, Weißklee und Schwedenklee oder

---

[1]) K. Kassdorff, Frühjahrsfrüh- und Spätherbstweide. Rostocker Dissertation 1955.

[2]) H. Vetter, Die Ernterückstände der wichtigsten Kulturpflanzen. Die Deutsche Landwirtschaft 1955, Heft 2.

[3]) B. Kiessling, Die Bewurzelungsverhältnisse der Leguminosen. Noch unveröffentlichte Arbeit aus meinem Institut.

in trockenen Gegenden aus Bastardklee, Weißklee und Gelbklee sehr beliebt ist. Oft wird man die Kleegrasmenge bei dieser zusätzlichen Untersaat zur Zwischennutzung in Sommergetreide untersäen müssen, dann stehen bei der Grasbeimischung natürlich die hohen Weidelgräser: das Oldenburgische Weidelgras, das Welsche Weidelgras und vielleicht sogar das einjährige Westerwoldische Weidelgras obenan. Bei Herbsteinsaat verdient vor allem das Deutsche Weidelgras Berücksichtigung. Es steht in der Spätsaatempfindlichkeit mit dem Wiesenschwingel auf gleicher Stufe, liefert aber besonders bei Weidegang, durch den die Kleegraszwischennutzung ja meist genutzt wird, sehr große Wurzelmassen. Es wird darin wohl nur vom Welschen Weidelgras übertroffen, das man aber nicht im Herbst ansäen darf, weil die Gefahr besteht, daß es die Überfrucht dann überwächst.

Vielfach wird behauptet, daß auch einige Kleearten, so insbesondere der Weißklee die Herbsteinsaat vertragen. Viele Praktiker wollen mit der Herbsteinsaat des Weißklees große Erfolge erzielt haben. Aber nach den bisherigen Untersuchungen ist der Weißklee nur winterfest bei Aussaat Mitte August. Als vor einem Jahrhundert die Herbsteinsaat der Gräser im heutigen Sinne etwa allgemein bejaht wurde, war die Möglichkeit der Herbsteinsaat von Weißklee, die man mit erwog, umstritten. Dieser Standpunkt deckt sich etwa mit den heutigen Kenntnissen. Mit dem Getreide im Herbst wirklich auszusäen ist nur der Steinklee, aber er überwächst die Überfrucht dabei leicht, so daß man meist davon absieht, also erst im Frühjahr untersät. Auch der Wundklee läßt sich im Herbst zusammen mit dem Roggen und dem Schafschwingel aussäen. Aber der Wundklee hat wegen seiner geringen Massenwüchsigkeit im Ansaatjahr nach der Roggenernte kaum eine Bedeutung. Daß dieser Mangel evtl. durch eine Mengsaat mit Steinklee behoben werden kann, ist bereits erwähnt.

Wir haben, das wird man wohl zugeben, versucht, das mehrjährige Kleegrassystem wirklich in Anpassung an die bei uns vorhandenen natürlichen und ökonomischen Verhältnisse anzuwenden und entsprechend abzuwandeln. Bei dieser schöpferischen Anwendung ergeben sich gegenüber der schematischen doch recht viele Möglichkeiten eines ertragreichen und bodenfruchtbarkeitssteigernden Kleegrasbaus auch bei uns. Aber der Kleegrasbau in allen diesen von uns beschriebenen Formen kann doch unser Futter- und Bodenfruchtbarkeitsproblem nur in begrenztem Umfange lösen. Wir müssen bestrebt sein, weitere Möglichkeiten zu suchen, sicherlich sind auch von uns noch nicht alle herausgefunden worden. Aber es bleibt dabei, daß zur Lösung der Futterfrage und der Wahrung und Hebung der Bodenfruchtbarkeit noch andere Wege beschritten werden müssen. Die Dauerweide hat in vielen Fällen noch einen gewaltigen Vorsprung vor den Wechselweiden, und in Sandbodengebieten wird die Dauerwiese vorerst noch die Mutter des Ackerlandes bleiben. Abgesehen davon gibt es viele Dauerwiesen und Dauerweiden, die nicht sehr ertragreich sind, aber doch nicht abgeschafft werden können, weil sie nicht ackerbar sind. In allen diesen Fällen heißt es die Dauerwiese und Dauerweide zu hegen und zu pflegen, wenngleich von den Dauerweiden nichts und von den Dauerwiesen nur der Stallmist dem Acker zugute kommt. Zum Teil läßt die Nichtbeackerbarkeit der Dauergrünländereien sich allerdings beheben, so bei nassen Flächen durch die Entwässerung. Nach durchgeführter Entwässerung werden also noch weitere Flächen für den Kleegrasbau insbesondere in Form der Wechselnutzung frei. Aber bei der Entwässerung heißt es, vorsichtig zu sein. Viele Gegenden sind durch die Entwässerung bereits trockengelegt, die Wasserbeherrschung sollte unser Ziel sein, und die Einwirkungen auf die ganze Landschaft und das Klima bedürfen dabei der Berücksichtigung.

Aber selbst wenn einmal das Wasser wirklich beherrscht sein sollte und der Kleegrasbau weiter um sich greift und die Dauerwiesen und Dauerweiden, die noch verbleiben, bestens gehegt und gepflegt werden, ist die Futterfrage noch nicht gelöst und die Wahrung und Mehrung der Bodenfruchtbarkeit noch nicht sichergestellt. Wir müssen also auch dann noch nach weiteren Mitteln suchen, um so mehr ist das heute der Fall, wo wir noch weit von diesem Fernziel entfernt sind.

Ein wesentliches Mittel der Futterbeschaffung und der Bodenfruchtbarkeitsmehrung ist der Zwischenfutterbau auch mit einjährigen Pflanzen in seinen verschiedenen Formen wie Winterzwischenfrucht, Unter- und Stoppelsaat. Allgemein herrscht bei uns die Meinung vor, daß nach WILJAMS dieser Zwischenfutterbau mit einjährigen Futterpflanzen nichts zur Hebung der Bodenfruchtbarkeit beiträgt. Das zeigt nur, wie wenig WILJAMS wirklich bekannt ist, wie notwendig es ist, die Bodenkunde von WILJAMS endlich ins Deutsche zu übersetzen, daß die deutsche Ausgabe des Wiljamsschen Hauptwerkes, die z. Z. unter meiner Betreuung vom Akademie-Verlag vorbereitet wird, bald erscheint. Das Trawopolnajasystem ist nicht das Wiljamssystem. Das Trawopolnajasystem ist auch nicht von WILJAMS aufgestellt worden. Das Trawopolnajasystem wurde vielmehr von einem Gremium von Agrarökonomen ausgearbeitet und der mehrjährige Kleegrasbau als z. Z. in der SU als angebracht befunden und deshalb für obligatorisch erklärt. WILJAMS wirkte dabei mit, weil Erkenntnisse von ihm dabei ökonomisch ausgewertet wurden. Daß es aber noch die weitere Möglichkeit gibt, über den Zwischenfruchtanbau einjähriger Pflanzen die Bodenfruchtbarkeit zu heben, darüber schreibt WILJAMS ausführlich in einem besonderen Kapitel seiner Bodenkunde, das uns sehr viele Anregungen geben kann und Kennern bereits gegeben hat. WILJAMS schreibt sogar als erster, daß dieses Siderale System der Vorläufer und der Ersatz des mehrjährigen Kleegrassystems ist. Man nahm diese Seite der Wiljamsschen Erkenntnisse aber nicht in das Trawopolnajasystem auf, weil man sie als für die SU z. Z. nicht wesentlich hielt. Man hat sicherlich die Möglichkeiten des mehrjährigen Kleegrasbaus in der SU überschätzt. Auch dort dürfte in manchen Gegenden, wo das mehrjährige Kleegras nicht recht gedeiht, die Lösung der Futter- und Bodenfruchtbarkeitsfrage über einjährige Pflanzen zu suchen sein. Gegenwärtig wird in der SU heftig darüber diskutiert im Zusammenhang mit dem System Malzew[1]).

Die Ausführungen, die WILJAMS in der fünften Auflage seiner Bodenkunde auf den Seiten 226 und 227 über das Siderale System bringt, sollen hier zur Klarstellung der Sachlage wörtlich wiedergegeben werden:

„*Das Siderale System der Landwirtschaft*

Dem Brachsystem wurde bereits vor mehr als 2000 Jahren das Urteil gesprochen.

Schon zu der Zeit, als Julius Caesar in den Kolonien des römischen Imperiums die Schwarzbrache zwangsweise einführte, ging im Römischen Reich selbst eine heftige Propaganda für ein neues ‚Siderales' (d. h. von den Sternen kommendes) System zur Wiederherstellung der Bodenfruchtbarkeit, welches das schon damals als nachteilig erkannte Brachsystem ersetzen sollte.

Das Siderale System in vollkommen ausgearbeiteter Form übernahmen die Römer von den Griechen, die es bereits von den Ägyptern übernommen hatten, zu denen es wiederum in Form eines vollendeten Systems von den Völkern des Ostens gelangt war und wo sich seine Geschichte verliert.

Das Wesen dieses Systems besteht darin, daß man nach der Ernte der Kulturpflanzen systematisch alljährlich oder alle zwei Jahre Winterroggen oder Senf einsät, den Roggen nach dem Schossen und den Senf bei der Blüte im Spätherbst einpflügt.

Bereits im alten Ägypten wurden Senf und Roggen durch eine einjährige Leguminose, nämlich durch den Alexandrinischen Klee *(Trifolium alexandrinum L.)* ersetzt, während man sie im Gebiet der heutigen Zentralasiatischen Republiken durch die Mungobohne *(Phaseolus mungo L.)* und in Tadschikistan durch die Peluschke *(Pisum arvense L.)* ersetzte.

---

[1]) Über Bodenbearbeitungs- und Aussaatmethoden zur Förderung hoher und stabiler Ernten von landwirtschaftlichen Kulturen. Aus dem Referat des Stalinpreisträgers F. S. MALZEW. Mitschurin-Bewegung 1954, Heft 11, S. 671— 680.

Zweifellos fand das sogenannte Feldgrassystem in dieser Methode seinen Vorläufer, obgleich die theoretische Erklärung, daß zum Ersatz irgendwelcher von der Ernte entzogenen Stoffe diese von dem Roggen und dem Senf aus den Sternen neu aufgenommen und dem Boden zugeführt werden, von den heutigen wissenschaftlichen Vorstellungen weit entfernt ist.

Das Siderale System, welches häufig auch das System der Gründüngung genannt wird, hat heute eine weite Verbreitung in den Gebieten der Sandböden von Preußen, Polen und Litauen und in der Weißrussischen SSR gefunden und wird auch in den Zentralasiatischen Republiken angewendet.

Auf Sandböden, oder genauer im Sande, zersetzt sich der Stallmist zu schnell und die entstehenden Mineralsalze werden schnell ausgewaschen. Außerdem führt die rasche Zersetzung des Stallmistes leicht zu einem einseitigen Überschuß an Stickstoff, wodurch die Saaten ‚ausbrennen' können. Deshalb besteht keine Hoffnung, solche Böden durch die Stallmistdüngung mit Humus anzureichern, zumal in diesen Böden die feinsten Teilchen aus Kaolin, Eisenoxyd und Manganoxyd, die dem Boden Bindigkeit verleihen, fast gänzlich fehlen, so daß man zunächst für die Ansammlung solcher Teilchen im Boden durch Humussäuren in unlöslicher Form sorgen muß. Dies wird z. T. durch die Zufuhr von Torf erreicht, den man vorher in lockeren Haufen durchfrieren läßt. In diesen Torfhaufen wird das Schwefeleisen oxydiert, und es entsteht die für die Pflanzen giftige Schwefelsäure sowie das Ferrosulfat. Diese Stoffe werden ausgelaugt, weshalb die Torfmasse locker gehalten werden muß. Nach der Einbringung dieses Torfes in die Böden wird eine Gründüngungspflanze ausgesät, wozu häufig in Anbetracht des Kalimangels dieser Böden eine Kalidüngung verabreicht wird.

Zur Gründüngung nimmt man verschiedene Pflanzen. Am häufigsten benutzt man Winterroggen, Senf, Buchweizen, spätreifende Inkarnatkleesorten *(Trifolium incarnatum L.)*, Gelbe Lupine *(Lupinus luteus L.)*, Blaue Lupine *(Lupinus angustifolius L.)*, Serradella *(Ornithopus sativus L.)* und Peluschke *(Pisum arvense L.)*.

Die Grundregel bei der Anwendung der Gründüngung sowie bei der Anwendung des Feldgrassystems ist das möglichst späte Unterpflügen der organischen Masse der ausgesäten Pflanzen im Herbst.

In der jüngsten Zeit ging man in der Praxis der Bewässerungswirtschaften der Vereinigten Staaten dazu über, nach jeder Ernte entweder Winterroggen oder Kuhbohnen (*Vigna sinensis, Vigna carjang*) auszusäen und diese möglichst spät im Herbst unterzupflügen.

Unter den trockenen klimatischen Bedingungen werden in verschiedenen Wirtschaften Deutschlands die einjährigen Gründüngungspflanzen in großem Umfang als sogenannte Untersaaten bzw. Stoppelsaaten angebaut. Das Gründüngungssystem oder das Siderale System der Landwirtschaft stellt also die Grundlage zur Entwicklung des Feldgrassystems dar und dient häufig zum Ersatz des letzteren."

Mit aller Deutlichkeit spricht WILJAMS es hier aus, daß außer dem mehrjährigen Kleegras auch einjährige Kulturpflanzen die Bodenfruchtbarkeit aufbauen können, daß die einjährigen Gründüngungspflanzen, historisch gesehen, sogar der Vorläufer des mehrjährigen Kleegrases gewesen sind und daß sie heute dessen Ersatz und, wie wir noch hinzufügen wollen, bei uns auch dessen Ergänzung sind. Heute ist dieses Siderale System bei uns weit über das Maß ausgebaut, von dem WILJAMS spricht. Nicht nur auf den leichten Böden, die nicht kleegrasfähig sind, sondern auch auf den anderen Böden als Ergänzung des Kleegrassystems werden Untersaaten und Stoppelsaaten einjähriger Gründüngungspflanzen angebaut, sondern darüber hinaus in der neuen Form des Winterzwischenfruchtanbaus. Weitgehend werden die gewonnenen Grünfuttermengen heute verfüttert, so daß sie auch die Futtergrundlage sichern helfen und über die Wurzelrückstände und den bei der Verfütterung der einjährigen Zwischenfrüchte anfallenden Dung zusätzlich die Bodenfruchtbarkeit mit aufbauen. Hier ist nicht der Platz, auf das Siderale System einzugehen in der weit ausgebauten Form, zu der es bei uns entwickelt worden ist. Nur einige Anregungen sollen kurz vermerkt werden, die sich im Verfolg der Ausführungen WILJAMS' über das Siderale System ergeben.

Obgleich das Siderale System bei uns weit über das Maß hinaus entwickelt worden ist, von dem WILJAMS spricht, so haben wir doch einige Seiten, die WILJAMS schon kannte, nicht weiterverfolgt.

Wir haben nicht gewußt, daß der Roggen die erste Siderale Pflanze war. Zwar ist der Anbau des Grünfutterroggens bei uns weitverbreitet. Aber wir sind nie auf den Gedanken gekommen, den Roggen gleich nach der Getreideernte Anfang August als Stoppelfrucht anzubauen. Entsprechende Versuche habe ich seit einigen Jahren eingeleitet. Mein Mitarbeiter M. WETZEL arbeitet daran. Ein abschließendes Ergebnis wird erst im Laufe dieses Jahres vorliegen. Aber wir können jetzt schon sagen, daß im Anbau des Roggens nach der Methode WILJAMS' große Aussichten sowohl bei der Gewinnung von Futter als bei der Belieferung des Bodens mit Wurzelmassen bestehen. Da der Winterroggen, Anfang August ausgesät, wegen des Fehlens des Jarowisationseffekts vor Winter nicht zum Ährenschieben kommt, geht er statt dessen um so mehr in die Tiefe. Von meinem Mitarbeiter M. WETZEL wurde ein tägliches Tiefenwachstum der Winterroggenwurzeln von 2 cm festgestellt auf Böden, wo bei normaler Aussaat das Tiefenwachstum höchstens 1 cm je Tag beträgt. Es fallen bis zum Spätherbst Wurzelmengen an, die kaum von irgendeiner anderen Frucht in so kurzer Zeit erreicht werden. Der Futteranfall ist befriedigend, steht bei viel geringeren Aussaatkosten anderen Stoppelfrüchten kaum nach. Zur Annäherung an das Kleegrasprinzip kann man dem Roggen auch Serradella beigeben (70—80 Pfd./vha Roggen + 6 Pfd/vha Serradella.

Wir haben weiter nicht gewußt, daß der Senf die zweite Siderale Pflanze war. Zwar hat der Senf bei uns im Sideralen System schon lange einen Platz, aber der Senfzwischenfruchtbau verdient doch wohl eine noch größere Beachtung namentlich auf Niederungsmoorboden, wo der Stickstoff, den der Senf unbedingt braucht, in so reichem Maße fließt oder zum Fließen gebracht werden kann. Nach Müncheberger Untersuchungen von E. WOJAHN ist der Senf auf Niederungsmoorboden nicht nur, was wir schon immer wußten, eine anbauwürdige Ölfrucht, sondern auch die ertragreichste Stoppelfrucht. Nach mittelfrühen Kartoffeln brachte der Senf als Stoppelfrucht 170 dz/ha grüne Masse, und auch die Wurzelleistung war dem Augenschein nach sehr hoch, wenngleich genaue Ermittlungen im Moorboden kaum vorgenommen werden können. Auch auf den leichten Böden hat der Senfstoppelfutteranbau eine Zukunft. Bei den wenigen Zwischenfrüchten, die hier gedeihen, verhilft uns der Senf dort zu dem erstrebten mannigfaltigeren Anbau. Allerdings bedarf er hier wie auf allen Mineralböden einer Stickstoffdüngung.

Wir haben schließlich nicht gewußt, daß unter den Leguminosen der einjährige Alexandrinische Klee die erste Siderale Pflanze war. Dieser Klee war bei uns nicht einmal dem Namen nach mehr bekannt. Tastversuche, die von meiner Mitarbeiterin E. STRACKE durchgeführt wurden, machen es wahrscheinlich, daß dieser Klee als Stoppelsaatklee bei uns eine Zukunft hat. Als Stoppelsaat zur Herbstnutzung läßt sich von allen Kleearten bisher nur der Inkarnatklee anbauen, der aber als Futter nicht recht befriedigt. Der Alexandrinische Klee liefert dagegen in 6—8 Wochen ein ertragreiches Futter, das wegen seiner hohen Verdaulichkeit sich sogar besonders gut zur Schweinefütterung eignet. Auch in Westdeutschland laufen zur Zeit Versuche mit dem Anbau des Alexandrinischen Klees auf breiterer Basis. Hier ist man nicht durch WILJAMS auf diesen vergessenen Klee gekommen, sondern durch die Fehlschläge, die man in dem Trockenjahr 1947 beim Rotkleebau hatte. Auf der Suche nach Ersatzfutterpflanzen wurde dort der Alexandrinische Klee aus südlichen Ländern, in denen er noch angebaut wird und zu denen Handelsbeziehungen bestanden, eingeführt. Besonders aussichtsreich sollen nach den dortigen Versuchen die Herkünfte aus Italien sein, weil noch südlichere Herkünfte zu anspruchsvoll an die Wärme sind. Da der Alexandrinische Klee nicht sehr dick steht, wird drüben wie hier ein Gemenge mit dem ebenso schnellwüchsigen einjährigen Westerwoldischen Weidelgrase erprobt. Auch in bezug auf die Hebung der Bodenfruchtbarkeit dürfte dieser „Kleegrasbau“ wirksamer sein.

Nicht zuletzt sollte man auch ein Hauptprinzip des Kleegrasbaus, den Gemengbau einer tiefgehenden dickwurzeligen mit einer flacher streichenden dünnerwurzeligen Pflanze beim Sideralen System mehr berücksichtigen. Zum Teil tun wir es schon. Nur selten werden noch Lupinen als Stoppelfrüchte rein gebaut, sondern meist im Gemenge mit Serradella. Zwar ist die Serradella ebenfalls eine Leguminose, aber sie wurzelt doch flacher und feiner, ähnlich wie ein Gras. Im Stoppelfruchtbau ist der Gemengebau überhaupt ziemlich allgemein üblich. Aber der Gemengebau hat auch große Aussichten beim Winterzwischenfruchtbau; beim Wickgrasbau und beim Landsberger Gemenge ist er zwar schon verwirklicht, aber beim Winterroggengrünfutterbau und Winterraps- und Winterrübsenzwischenfutterbau wird er wohl auch mehr Eingang finden. Der gemeinsame Anbau von Wintergrünfutterroggen mit Winterrübsen und Winterraps wurde zwar schon hier und da mit Erfolg durchgeführt, wahrscheinlich verdient er nach den Untersuchungen von M. Wetzel aber eine viel größere Verbreitung. Ein wesentliches Prinzip des Kleegrasbaus, der Anbau einer tiefgehenden dickerwurzeligen Pflanze zusammen mit einer flacheren und feinerwurzelnden ist dabei auch hier verwirklicht, wenngleich Raps und Rübsen keine Kleearten sind.

Wenn man die Wurzelrückstände der verschiedenen Zwischenfutterarten vergleicht, so fällt auf, daß sie bei den Lupinen mengenmäßig gering sind. Selten werden größere Wurzelrückstände als 10 dz/ha erreicht. Und doch wissen wir aus der Lebensarbeit eines Schultz-Lupitz[1]), daß es diesem großen Sandbodenpionier gelang, den leichten Sandboden hauptsächlich durch Stoppellupinen, die allerdings zur Gründüngung vollständig untergepflügt wurden, aufzubauen. Diese Tatsache weist darauf hin, daß es bei dem Wurzelanfall nicht nur auf die Menge, sondern auch auf die Qualität ankommt. Es liegen zu dieser Frage noch wenige Untersuchungen vor, aber es wird z. Z. lebhaft darüber gearbeitet. Wir führten schon E. W. Russels Hinweise auf neuere Forschungsergebnisse[2]) insbesondere über die Qualitäten der Graswurzeln, die zur Bodenkrümelung führen, an. Nach den neuesten niederländischen Untersuchungen sollen Pflanzen, die tiefe dicke Wurzelröhren im Boden hinterlassen, besonders geeignet sein, den Untergrund biologisch zu erschließen[3]). Feine Wurzelröhren sollen dagegen kaum einen Einfluß auf die Verbesserung des Untergrundes haben, da sie bald wieder zusammenfallen. Unter den Sideralen Pflanzen haben wir namentlich bei den Stoppelfrüchten viele mit tiefen dicken Wurzeln. Schultz-Lupitz führte schon die eminente fruchtbarkeitsfördernde Wirkung der Lupine mit auf diese Eigenschaft zurück und ebenso die von Raps und Rübsen. Im Interesse der Förderung des Sideralen Futterbaus und des Kleegrasbaus verdienen diese Wurzelqualitätsuntersuchungen besonders vorangetrieben zu werden. Mit Recht spricht J. Köhnlein von Durchporung und Durchwurzelung des Unterbodens. Die Poren stammen meist von Regenwürmern, und diese werden von den Pflanzenwurzeln gerne als Kanäle benutzt. Aber primär waren die Regenwürmerporen doch wohl Pflanzenwurzelröhren. Das war jedenfalls auch die Meinung der Pioniere (Schubart-Gallentin, Schultz-Lupitz u. a. m.), die schon vor fast hundert Jahren ähnliche Wurzeluntersuchungen durchführten wie wir heute und schon wußten, daß die mengenmäßig nur geringfügigen tiefgehenden Wurzeln bei der Sicherstellung der Pflanzen in trockenen Zeiten von ausschlaggebender Bedeutung sind.

Kleegrassystem, Siderales System und Dauergrünland sind jedes für sich bei uns nur selten die Wege zur Lösung der Futter- und Bodenfruchtbarkeitsfrage. Zumeist hilft uns nur eine nach den örtlichen Bedingungen verschiedenartige Kombination der drei Systeme. Siderales und Kleegrassystem bedürfen dabei aber meist einer erweiterten Anwendung.

---

[1]) A. Petersen Schultz-Lupitz und sein Vermächtnis. Akademie-Verlag, Berlin 1954.

[2]) E. W. Russel, Soil conditions and Plant Growth, London 1953, Eight Edition, New Impression 1953.

[3]) Vgl. dazu insbesondere auch J. Köhnlein, Die Durchporung und Durchwurzelung des Unterbodens. Aus der Schriftenreihe der Landwirtschaftlichen Fakultät der Universität Kiel, Heft 14, 1955.

Zwei Böden aber machen uns nach wie vor große Sorgen: die grundwasserfernen Regensandböden und die Moorböden, namentlich wenn sie zu tief entwässert sind. Über den Streit um den mehrjährigen Kleegrasbau und die beiden konkurrierenden Systeme sollte man also nicht vergessen, ganz andere Wege zu verfolgen. Nichts ist gefährlicher als Einseitigkeit. Das dürfte aus den Ausführungen über die Berechtigung des mehrjährigen Kleegrassystems deutlich geworden sein. Lassen Sie mich deshalb schließen mit einem Hinweis auf zwei neuere Verfahren, die diese beiden Böden wahrscheinlich so umzuwandeln vermögen, daß sie keine besonderen Schwierigkeiten mehr bereiten.

Der grundwasserferne Regensandboden setzt zwar der landwirtschaftlichen Kultur nicht mehr so unüberwindbare Schwierigkeiten entgegen wie vor hundert Jahren, als sie noch als Schafhutung liegenbleiben mußten und bei Plaggendüngung alle paar Jahre einmal eine kümmerliche Roggenernte lieferten. Aber die Abhängigkeit von regelmäßigen Niederschlägen ist immer noch nicht überwunden. Das zeigte sich gerade wieder im vorigen Jahr, als der Regen so spät, erst Mitte bis Ende Juni, einsetzte, nachdem der Wintervorrat an Wasser aufgezehrt war. Mißernten beim Getreide waren die Folge, die auch durch die besseren Ernten der späteren Früchte, die mit ihrer Hauptwachstumszeit in die Regenperiode fielen, nicht ausgeglichen wurden. In Ungarn ist nun ein neues Verfahren entwickelt worden, den grundwasserfernen Sandboden unabhängig von regelmäßigen Niederschlägen zu machen, und zwar die Tiefdüngung mit Stallmist zur Schaffung einer wasserhaltenden Schicht in etwa 50—60 cm Bodentiefe. Zwar ist das Verfahren aus dem Versuchsstadium noch nicht heraus, aber ich hatte im vorigen Jahr Gelegenheit, mir die Resultate an Ort und Stelle anzusehen. Reine grundwasserferne Sandböden waren tatsächlich zu luzerne- und weizenfähigen Böden geworden. Auch in der SU und in Polen sollen solche Versuche laufen. Wir in Rostock hatten solche Versuche schon vor, lange bevor wir davon aus Ungarn hörten; die Durchführung scheiterte bisher nur daran, daß bei uns kein Pflug aufzutreiben war, der den Boden 50—60 cm tief pflügt. Ich glaube, daß auch E. A. Mitscherlich eine Tiefdüngung mit organischem Material bereits länger vorhatte. Ich selbst habe mir im Garten auf einem Stück sterilen Sandes mit der Hand eine kleine Anschauungsfläche geschaffen, um einen Großversuch vorzubereiten.

Ein Pflug, gezogen von einer 90-PS-Raupe, mit dem die ungarische Methode der Stallmisttiefdüngung durchgeführt werden kann.

Stallmist oder Kompost werden in mehreren teppichartigen Schichten in Mengen von je 400 dz/ha hinter einem Rigolpflug in den Boden gebracht. Die erste Schicht kommt etwa 60 cm tief zu liegen, die zweite Schicht nach drei Jahren etwa 50 cm tief. Die Düngerschichten und die Sandschichten dazwischen werden zu Wasserspeichern, die Wurzeln der Kulturpflanzen wachsen schnell nach unten und durchfilzen die tiefgedüngten wasserspeichernden Bodenschichten, die durch diesen Wurzelfilz der Kulturpflanzen immer wieder regeneriert werden, so daß eine Wirkung auf die Dauer gewährleistet ist. Die Erträge der Kulturpflanzen werden nicht nur sicherer, sondern auch höher, und der Sandboden trägt sogar mit der Zeit anspruchsvolle Früchte, die sonst nur auf Lehmboden wachsen. Im Dürrejahr 1952 wurde auf den ungedüngten Sandflächen 5,73 dz/ha Maiskolben erzielt, auf normal mit Stallmist gedüngten Flächen 9,79 dz/ha und auf mit Stallmist tiefgedüngten Flächen 26,7 dz/ha.

Der Niederungsmoorboden ist, namentlich wenn er zu stark entwässert worden ist, sehr schwer zu bewirtschaften. Er vermullt leicht, d. h. er gerät in jenen pulverigen Zustand, in dem er kein Wasser annimmt. Der landwirtschaftlichen Kultur wieder nutzbar gemacht werden können solche Böden meist nur über die Besandung. Die Besandung der Niederungsmoorwiesen wurde 1821 von dem mecklenburgischen Landwirt Domänenrat Carl Pogge, Roggow, erfunden und griff schnell um sich, wurde aber später durch das billigere Walzen ersetzt und geriet in Vergessenheit. Die Besandung der Niederungsmoore zur Ackernutzung,

Der Ottomeyersche Tiefkulturpflug (aufgenommen im Emslande von meinem Mitarbeiter H. Möller)

die sogenannte Moordammkultur, wurde durch Th. Rimpau, Cunrau 1862, im großen eingeführt. Aber auch diese Besandung kam in Vergessenheit. Erst als beim Bau des Elb-Travekanals Niederungsmoore angeschnitten und dabei so tief entwässert wurden, daß sie vermullten und nicht mehr zu nutzen waren, besann man sich wieder auf die Besandung. Sie führte auch zu einem vollen Erfolg, griff aber doch nicht um sich, weil sie zu teuer war. Jetzt ist aber im Westen durch die Erfindung des 1,80 m tiefgreifenden einscharigen Tiefkultur-Dampfpfluges der Firma Ottomeyer-Pyrmont, wenn auch nicht die Sanddeckkultur, so doch die Sandmischkultur mit einer Wechselschrägschichtung von Sand- und Moorstreifen maschinell möglich geworden.

Das nach dem Tiefkulturpflügen eingesetzte Ottomeyersche Planierungsgerät (aufgenommen im Emslande von meinem Mitarbeiter H. Möller)

Im Westen soll eine neue Ära der Moorkultur durch diesen Tiefkultur-Dampfpflug eingeleitet worden sein. Bei uns verdienten jedenfalls auf den vollständig wertlos gewordenen vermullten Moorböden in den Braunkohlengrundwasserentzugsgebieten der Niederlausitz Versuche mit dem Ottomeyerschen Pflug durchgeführt zu werden und auf den grundwasserlos gewordenen reinen Sandböden dortselbst Versuche mit dem ungarischen Pflug und der Stallmisttiefdüngung. Denn weder mit dem Kleegrassystem noch mit dem Sideralen System ist hier schnell grundlegend Wandel zu schaffen; von Dauerwiesen und Dauerweiden überhaupt nicht zu reden, denen hier mit dem Grundwasser die auf Sandböden unbedingt unerläßliche Daseinsbedingung genommen worden ist.

Anhang

Anhangsweise bringe ich einige Fruchtfolgen aus dem „Handbuch des Sowchos Direktors“, die da zeigen, daß das Kleegrassystem doch in der Praxis der SU nicht so ausschließlich gehandhabt wird, wie man aus den sonstigen Veröffentlichungen darüber annehmen könnte, sondern daß es schon jetzt oft durch das Siderale System ergänzt wird.

I. Die Fruchtfolgen des Getreidesowchos „Swetotsch“ im Rostowsker Gebiet

A. Feldfruchtfolge (12250 ha)

1. Schwarzbrache
2. Winterweizen
3. Sommerweizen mit Kleegrasuntersaat
4. Kleegras
5. Kleegras
6. Sommerweizen
7. Sommerweizen
8. Schwarzbrache
9. Winterweizen
10. 80 % Sommerung 20 % Sonnenblumen

B. Farmfruchtfolge (292 ha)

1. Einjährige Grünfutterpflanzen mit Kleegrasuntersaat
2. Kleegras
3. Kleegras
4. Futtermelonen
5. Knollen- und Silopflanzen
6. Silopflanzen

C. Weidefruchtfolge (3104 ha)

1. Einjährige Grünfutterpflanzen mit Kleegrasuntersaat
2. Kleegras zur Heugewinnung
3. Kleegrasweide
4. Kleegrasweide
5. Kleegrasweide
6. Sommerweizen
7. Einjährige Grünfutterpflanzen
8. Silopflanzen und Winterroggen als Weide

II. Die Fruchtfolgen des Getreidesowchos „Molotow“ im Kreis Altai, Sibirien

A. Feldfruchtfolge (14350 ha)

1. Schwarzbrache
2. Winterroggen
3. Sommerweizen mit Kleegrasuntersaat
4. Kleegras
5. Kleegras
6. Sommerweizen
7. Sommerweizen
8. Reine Brache
9. Sommerweizen
10. 50 % Winterweizen 50 % Sommergetreide

B. Farmfruchtfolge (500 ha)

1. Futterroggen mit Kleegrasuntersaat
2. Kleegras
3. Kleegras
4. Futtermelonen und Silopflanzen
5. Wurzel- und Knollenfrüchte
6. Silopflanzen
7. Einjährige Futterpflanzen

C. Weidefruchtfolge (1913 ha)

1. Sommergetreide mit Kleegrasuntersaat
2. Kleegrasweide
3. Kleegrasweide
4. Kleegrasweide
5. Kleegrasweide
6. Sommerweizen
7. Sommerweizen
8. Einjährige Futterpflanzen als Grünfutter und Weide

III. Fruchtfolge der Reissowchosen

1. Kleegras
2. Kleegras
3. Reis
4. Reis
5. 50 % Brache, 50 % Siderale Brache
6. Reis
7. Reis

IV. Fruchtfolge von Baumwollsowchosen in Mittelasien, Kaukasien und in der Süd-Ukraine
1. Luzerne
2. Luzerne
3. Baumwolle
4. Baumwolle
5. Baumwolle
6. Getreide mit Luzerneuntersaat als Sideralpflanze
7. Baumwolle
8. Baumwolle

V. Rübenfruchtfolge aus den Schwarzerdegebieten
1. Schwarzbrache
2. Winterweizen
3. Zuckerrüben
4. Sommergetreide mit Kleegrasuntersaat
5. Kleegras
6. Kleegras
7. Winterweizen
8. Zuckerrüben
9. Körnerleguminosen
10. Sommergetreide

VI. Kartoffelfruchtfolge
1. Schwarzbrache
2. Wintergetreide
3. Kartoffeln
4. Hafer mit Kleegrasuntersaat
5. Kleegras
6. Kleegras
7. Wintergetreide
8. Kartoffeln
9. Sommergetreide

Kolibri 360 GmbH
Ferdinand-Jühlke-Straße 7
99095 Erfurt, Deutschland
produktsicherheit@kolibri360.de